U0290598

城市更新
制度研究

郃艳丽◎著

中国建筑工业出版社

前　言

城市更新是新时代的国家战略，是中国进入工业化和城市化中后期的客观要求，是新型城镇化高质量发展背景下的主动作为。中国城市更新类型多、覆盖广、任务重，中央和地方均处于摸索试验总结阶段，由于更新管理系统性不足、效率低下、机制缺失等问题的存在，倒逼城市规划管理在城市发展目标、参与治理主体和相关政策要求等方面进行变革，急需建构以“人民为中心”的可持续城市更新治理理论，以应对城市更新实践中的重大难点问题，推进城市更新的进一步可持续发展。

理论研究方面，中国人民大学邀请国内外致力于城市更新理论研究与实践探索的学者、政府工作者和企业家，就城市更新理论、模式、政策等方面进行学术研讨和跨域交流，为本研究的理论构建提供了参考。同时在“城市规划与公共政策”硕士研究生课程教学中与同学们开展讨论，最近几年毕业的几位硕士研究生以城市更新为主题在更新范式、产权重构等方面进行了研究，为本研究的理论思考提供了素材。

实证检验方面，本研究以受贝壳找房（北京）科技有限公司委托“城市更新模式研究”课题的实证研究成果为支撑，通过总结企业参与城市更新的实践探索经验，基于全球城市更新制度的经验借鉴，对收缩型的城市更新管理与扩张型的城市规划管理的逻辑进行比较，提出中国城市更新管理应在多元主体共同参与的格局下，采取组建更新管理机构、推进更新管理立法、实现多元主体协商等方式完善城市更新管理体制，实现存量空间的有效开发和合理利用。

本研究中硕士研究生何春昊、段伊盈、黄惠璇等分别帮助收集和整理文献，参与调查研究，总结调研成果，在此过程中得到贝壳找房（北京）科技有限公司相关负责人以及愿景集团北京、重庆、济宁等地负责人和具体工作人员的大力支持，并提供了很多有帮助的资料，在此一并表示感谢。城市更新处于探索阶段，本人的思想认识和实践跟踪也在不断深化，书中难免有不足不当之处，敬请同行专家批评指正。

目　录

| 一 | 城市更新的学理解释 …… 001
（一）研究背景 …… 001
（二）文献总结 …… 006
（三）理论构建 …… 019

| 二 | 城市更新的政策分析 …… 035
（一）国家整体政策 …… 035
（二）北京政策分析 …… 045
（三）济宁政策分析 …… 063
（四）重庆政策分析 …… 070
（五）制度创新总结 …… 075

| 三 | 城市更新的问题解析 …… 079
（一）问题引入 …… 079
（二）原因解析 …… 081

| 四 | 愿景模式的实证观察 …… 104
（一）系统特征 …… 104
（二）模式细分 …… 106
（三）典型案例 …… 110

（四）模式总结 …………………………………………………………… 138
（五）机制分析 …………………………………………………………… 144

| 五 | 国外、国内更新的经验借鉴 ……………………………………………… 154
（一）国外经验 …………………………………………………………… 154
（二）国内经验 …………………………………………………………… 161
（三）经验借鉴 …………………………………………………………… 167

| 六 | 城市更新的政策建议 …………………………………………………… 169
（一）更新逻辑 …………………………………………………………… 169
（二）更新策略 …………………………………………………………… 173
（三）政策建议 …………………………………………………………… 175

|一|

城市更新的学理解释

（一）研究背景

1. 宏观背景

（1）实现政府发展模式转型

改革开放以来，中国经济进入快速增长的时代，开启了世界历史上规模最大、速度最快的城镇化进程，各类产业开始向城市空间集聚，城市人口规模与用地规模迅速扩张。1994 年分税制改革施行后，土地收入作为地方政府保留的财政收入，刺激了新一轮城市用地的向外扩张（图 1-1），城市的增量增长为地方政府提供了财政收入，聚集于此的生产活动为经济增长贡献了力量，这些成为当时城市谋求发展的主要手段。2020 年末，我国人口城镇化水平高达 63.89%，近十年人口增速趋缓，处于城镇化中后期，按照国际经验，这一时期也是城市问题（尤其城市内部结构性问题）的集中暴发期。根据第七次全国人口普查（简称七普）数据，我国总人口达到 14.43 亿人①，趋近总规模峰值。人口从城乡流动为主转变为人口在不同区域、不同城市之间的流动为主，城市发展进入区域空间结构和内部空间结构的双调整时期，意味着“盘活存量、做优增量、提升质量”的内涵式升级阶段来临，以房地产驱动的城市开发建设模式接近尾声，建筑空置现象突出，最近频繁出现的土地“流拍”现象佐证了这一发展事实。当前中国已经实现了伟大的转型，经济、社会、空间和治理四大转型全面推进，处于乡土中国向城乡中国转型的关键时期。城市内涵式发展意味着财税收支模式、城市收益

---

① 我国总人口包括大陆 31 个省、自治区、直辖市和现役军人的人口，香港特别行政区人口，澳门特别行政区人口和台湾地区人口。

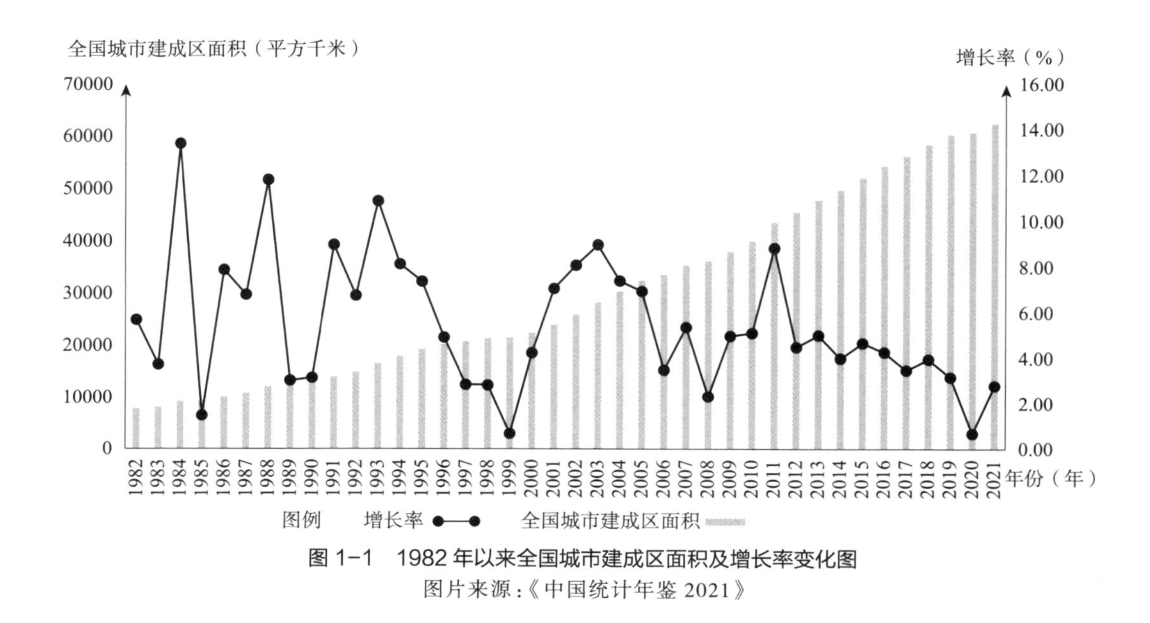

图 1-1　1982 年以来全国城市建成区面积及增长率变化图

图片来源：《中国统计年鉴 2021》

模式同步转型，但目前还缺乏可替代土地财政的手段。

（2）适应城市发展方式转变

党的二十大提出“坚持人民城市人民建、人民城市为人民”的城市建设理念，“提高城市规划、建设、治理水平”的城市管理要求。为更好解决新时代我国社会的主要矛盾，城市的发展要坚持以人为本，发展目标也在向保障人民群众获得感、幸福感转变。近些年国家对高质量发展提出新要求，“建设和谐宜居、富有活力、各具特色的现代化城市”成为发展的新导向，城市发展方式主要向以下三个方面转变：①控制城市增量空间，控制城市规模的迅速扩张；②进行产业转移，将城市内部高耗能、高污染或与城市功能定位不相匹配的企业向城市郊区或其他城市转移；③聚焦城市存量空间，通过城市更新行动改善老城区的基础设施与补足缺位的公共服务，改善人居环境、美化城市形象。传统意义的城市规划管理多采取以行政命令、行政处罚为主的强制性手段，主要关注项目实体或违法建设实体等“物”的范畴，缺少对其所蕴含的利益关系的协调。城市更新改造作为提升人民生活质量的重要举措，管理过程应秉承以人民为中心的理念，这要求城市规划管理工作应更多考虑“人”的作用，关注利益群体对规划内容、管理政策做出的反应，向人本化的规划管理转型。

（3）促进城市功能结构优化

2015 年，中央城市工作会议指出“城市工作是一个系统工程。做好城市工作，要顺应城市工作新形势、改革发展新要求、人民群众新期待，坚持以人民为中心的发展思想，坚持人民城市为人民。这是我们做好城市工作的出发点和落脚点。”党的二十大报告提出“实施城市更新行动，加强城市基础设施建设，打造宜居、韧性、智慧城市”的城市发展部署，将城市更新上升为国家行动，从而成为推进中国式城市现代化的重要抓手。城市更新的实质是对城市空间资源的再分配，而再分配的过程是对城市功能、结构与土地空间利用的再调整、再优化的系统性过程，体现创新、协调、绿色、开放、共享的新发展理念。治理城市顽疾，具体包括以下三个方面：①功能协调。城市更新通过在建成时间较长、基础设施落后、公共服务匮乏的空间内补充缺少的功能与服务，实现空间资源的协调。②结构调整。城市更新不仅带动城市空间结构的变动，同时推动城市内部社会结构的演化，包容性的城市更新将促进不同社会阶层的交流互动，降低社会治理的成本。③形态优化。城市更新通过空间改造与空间腾挪，解决建筑密度和土地利用效率并没有达到最优的建设对优区位条件、高开发潜力土地的占用问题，缓解土地利用与经济发展的矛盾。与旧城改造“减少人口”型和“增加面积”型相比，其空间呈现“不增不减”和“少增少减”的特征，通过规划挖潜更新和提升空间整体价值，优化城市空间形态。

2. 微观现实

（1）城市更新范围扩大

我国城市更新任务艰巨，2019 年全国的城市建成区面积相比 1982 年扩大了近 7.7 倍，其中，37.2% 的土地已有 20 年以上的建成史，21.3% 的土地已有近 30 年的建成史。从建筑生命周期角度来说，历史时期的大量建设批量相继进入更新范畴。住房和城乡建设部统计各地上报需要改造的城镇老旧小区约有 17 万个，占全国小区 60% 以上，涉及住户超过 4200 万户，居民上亿人。2000 年以后建设的各类保障性住房小区乃至部分商品房小区陆续纳入更新范围。以北京市为例，70 年产权住宅小区总计 11728 个，共计 123880 栋单元，719 万户，其中，建成时间在 2000 年前的老旧住宅小区 4510 个（表 1-1），建成时间在 2000 年前无物业管理、无电梯的老旧住宅小区 2329 个，500 户以下的小型老旧住宅小区 1809 个，占老旧住宅小区数量的 78%，老旧住宅小区更新改造总量达 2.3 亿平方米[①]。

① 数据来源：链家地产楼盘字典，愿景提供。

北京市老旧住宅小区情况统计表 表 1-1

时间	小区数量（个）	栋数（栋）	户数（户）	小区占比（%）	栋数占比（%）	户数占比（%）
1960 年以前	83	1122	11800	1	1	0
1961—1970 年	86	911	24330	1	1	0
1971—1980 年	352	3316	151684	3	3	2
1981—1990 年	1672	16155	976399	14	13	14
1991—2000 年	2317	25111	1675616	20	20	23
2000 年以后	7218	77165	4353028	61	62	61[①]

资料来源：作者整理

（2）城市更新类型多样

由于城市可开发空间日趋紧张，国内诸多城市将发展的重点由增量空间的开发利用转向存量空间的整合重组，类型各异、特征鲜明的城市更新实践层出不穷。以城市更新的客体作为划分依据，大致分为以下五种类型：一是历史文化街区更新改造。通过对历史建筑的修复、拆迁重建等方式对其进行改造，激活城市中的文化资本，以达到历史文化保护和城市空间整合的双重作用，如广州市永庆坊、滕州市接官巷等地的改造[②]。二是城中村更新改造。通过拆迁重建、综合整治等方式对城中村进行改造，从而提升城市的包容性，降低城市的安全风险，提升土地利用效率，如北京市、广州市、深圳市的城中村改造实践[①]。三是旧城镇更新改造。通过产权置换与拆迁补偿方式，实现旧城镇用地的建筑更新或土地性质变更，以提升居住质量、填补公共服务，如广州市、汕头市的旧城镇更新实践[③]。四是旧工业区更新改造。通过原有厂房拆迁改造或内部功能改造的方式，承接城市的其他特殊功能，实现城市用地的有效过滤，如北京市首钢工业区改造实践[④]。五是社区更新改造。对老社区难以满足实际需要的建筑和配套设施进行改造，如在

① 叶裕民．特大城市包容性城中村改造理论架构与机制创新——来自北京和广州的考察与思考 [J]. 城市规划，2015，39（8）：9-23.

② 黄怡，吴长福，谢振宇．城市更新中地方文化资本的激活——以山东省滕州市接官巷历史街区更新改造规划为例 [J]. 城市规划学刊，2015（2）：110-118.

③ 王世福，沈爽婷．从“三旧改造”到城市更新——广州市成立城市更新局之思考 [J]. 城市规划学刊，2015（3）：22-27.

④ 刘伯英，李匡．首钢工业遗产保护规划与改造设计 [J]. 建筑学报，2012（1）：30-35.

老龄化加剧的背景下各地为住宅楼加装电梯的改造实践[①]。以城市更新执行手段作为划分依据，大致分为以下三种类型：一是拆迁重建型，是企业偏好的形式。通过给予原居民一定数额的经济补偿获取拆迁权，建设容积率更高的新建筑来承担居住或其他功能，具有高成本特征，在前期与原居民的沟通博弈环节效率往往较低，一旦启动拆迁则进入高效率状态。二是功能提升型，是政府部门偏好的形式。对于住宅保暖、电梯改造、增加停车位等民生工程以及医疗卫生、文化体育、便民市场等公共设施和园林绿地、给水排水、供热燃气等市政设施，通过腾挪空间的方式实现城市内部功能的补充与提升[②]，成本中等，多呈现部门决策，实现专项规划的正常效率状态。三是微改造型，是社会偏好的形式。关注社区局部的整治与修缮，成本较低，且强调改造过程尽可能减少对周边居民的干扰，如增设小区门禁、内部游园等措施，具有灵活性、自愿性，与居民的实际需求联系密切[③]。此外，以城市用地功能的转变作为划分依据，可大致分为用地性质更改型和用地性质维持型。实际的城市更新项目可综合上述分类进一步细化，更新客体、更新手段、产权变化等角度的差异性决定了城市更新管理具有复杂性，需要从更新范围、更新主体、更新方式、更新机制等方面予以规范。

（3）城市更新问题复杂

在高度建成的城市复杂系统中，各要素之间相互关联的作用机制复杂，资源要素密集，腾挪难度巨大，成本较高，不同的建设用地类型难免存在差异。工业、仓储用地产权相对简单，占地面积大，20 世纪 90 年代的“退二进三”以及 21 世纪大城市疏解人口普遍以企业为首要突破口，体现了先简后难的政府行动逻辑。老旧小区、城中村、历史文化街区等居住类型的区域成为城市更新的难点所在。以老旧小区为例，存在的问题涉及城市安全底线和百姓民生，概括起来包括以下几类：一是房屋安全问题。大量简易楼建筑标准低，不具备进行抗震加固的价值，已经成为危楼。筒子楼作为宿舍楼是非成套住宅，公共厨卫，居民生活极其不便。二是基础设施问题。其主要体现在四个方面：①消防设施不足，消防设施设计标准低，楼内无消防设施；②适老设施缺失，多层无电梯，社区无障碍设施缺失，一些老年居民长年无法下楼；③停车位不足，导致停车不规范，乱停车阻碍消防通道，存在安全隐患和因停车产生的社会争端

---

① 郐艳丽，白梦圆．老社区改造决策中的多元主体博弈与平衡——以北京市某社区改造为例 [J]. 规划师，2015，31（4）：48-54.

② 阳建强，杜雁，王引，等．城市更新与功能提升 [J]. 城市规划，2016，40（1）：99-106.

③ 蔡云楠，杨宵节，李冬凌．城市老旧小区“微改造”的内容与对策研究 [J]. 城市发展研究，2017，24（4）：29-34.

频发；④水、电、气路管线设施老化，社区排水严重老化，房屋上下水管道渗漏、堵塞，架空线路纵横交错，“上漏下堵中间乱”现象突出。三是配套服务问题。其主要体现在三个方面：①安全管理不足，门禁安防损坏，流动群租人群管理不足；②便民服务不足，理发店、早餐店等便民配套服务缺乏，居民日常生活不便；③缺乏老年关怀，对独居老人身体情况缺乏了解，有可能发生非正常死亡等事件。由此产生的空间需求与大量空间、建筑闲置、低效利用现象并存，空间资源浪费严重。

（4）城市更新需求提升

城市具有明显的“木桶效应”特征，其发展水平取决于复合体内“短板领域”的发展程度，城市更新起到了城市补齐功能短板、修正建设失误、夯实发展基础的作用。近些年，园林城市、卫生城市、生态城市、花园城市、海绵城市、弹性城市、韧性城市、智慧城市、数字城市、适应气候变化城市、健康城市、宜居城市、未来城市、儿童友好城市等概念频出，涉及了城市生态景观、基础设施、社会感知等多维度，凸显了国家和相关部门对城市发展的阶段性和愿景性目标设定，提出了城市发展的综合性提升和空间秩序的在地化重构具体路径，反映了政府和社会乃至企业对城市更新提出的更高的期待和诉求，体现了多要素、多目标、多准则、多程序的统筹、博弈和选择，具体包括以下三个方面：一是社会健康有序要求。兼顾政府的政策偏好、企业的盈利目的、社会的琐碎需要的同时，还要为城市中适应外来人口的新住房建设创造可能，通过舒适的生活环境和充足的服务设施吸引人力资本、保障城市社会稳定运转。二是空间有效利用要求。城市的聚集效应要求压缩内部低效空间以降低运行成本，实现城市经济的持续高质量发展，是空间横向整合导向的城市更新的经济动力。城市地下空间建造技术的日渐成熟，是空间纵向利用导向的城市更新的技术支撑。三是文化发展传承要求。政府和居民更加关注城市的文化底蕴以提高认同感与归属感，尤其是历史建筑与街区的形态保护和功能优化，城市更新成为城市文化资本注入与深入探索的切入点。

（二）文献总结

1. 国外和境外城市更新与老旧小区改造

（1）城市更新内涵

西方的城市更新最早出现在以英国为首的率先城市化的国家，起源于战后大规模的城市重建，主要指全球产业发展背景下应对城市衰败的一种城市复兴策略[①]。“城市重建（Urban Renewal）”“城市再开发（Urban Redevelopment）”“城市复兴（Urban Renaissance）”“城市复苏（Urban Revitalization）”“城市更新（Urban Regeneration）”等词成为不同阶段的代名词，见证了西方城市更新经历推倒式重建贫民窟，国家福利式更新社区，房地产导向投资旧城、经济、社会、文化多元复兴社区的过程[②③]。城市更新的基本职责是维育建成环境，不减损原权利主体的利益，拓展职责是协调城市再开发[④]，促进城市的可持续发展。因此城市更新是一项复杂的议题（表1-2），不仅涉及物质环境的保护和改造，同时是一个“社会过程”，牵涉社区与居民等多方主体，影响着街区的社会关系、生活方式、文化氛围。资金利用形式出现公私构成比例格局性转换，国际城市更新的经典案例层出不穷，包括首尔清溪川、纽约高线、波士顿高架路等。英国《城市更新手册》定义城市更新是“试图解决城市问题的综合性的和整体性的目标和行为，旨在为特定的地区带来经济、物质、社会和环境的长期提升”。

城市更新议题演进　　表1-2

阶段	1950年代 城市重建	1960年代 城市复苏	1970年代 城市改造	1980年代 城市再开发	1990年代 城市再生	2000年代 城市更新
参与主体	政府、开发商	私人比重提升	私人作用增强	私人、社会企业、政府	合伙人机制	私人、企业作用凸显
采取形式	拆除重建	修复建设	老城区	重点项目	遗产保护	尺度趋小
资金来源	公共资金为主	私人投资加大	私人投资持续增加	私人资金主导、部分公共资金	公共、私人资金平衡	私人资金主导、公共资金为辅

资料来源：作者整理

（2）城市更新策略

英美等国家试图通过税收融资、土地调控、弹性规划控制技术、地方企业合作组织及其企业区划、城市交易、区域发展基金、邻里规划等手段应对日益复杂的城市更新挑战[⑤⑥]，以期能为地区带来持续的经济增长。然而，随着经济全球化的发展，城市更新也可能会带来“士绅化”现象、提供与当地居民不符的就业岗位以及为地方政府

---

① 严若谷，周素红，闫小培．城市更新之研究[J]. 地理科学进展，2011，30（8）：947–955.
② 杜坤，田莉．基于全球城市视角的城市更新与复兴：来自伦敦的启示[J]. 国际城市规划，2015，30（4）：41–45.
③ 丁凡，伍江．城市更新相关概念的演进及在当今的现实意义[J]. 城市规划学刊，2017（6）：87–95.
④ 王世福，沈爽婷．从“三旧改造”到城市更新——广州市成立城市更新局之思考[J]. 城市规划学刊，2015（3）：22–27.
⑤ 姚之浩，曾海鹰．1950年代以来美国城市更新政策工具的演化与规律特征[J]. 国际城市规划，2018，33（4）：18–24.
⑥ 刘晓逸，运迎霞，任利剑．2010年以来英国城市更新政策革新与实践[J]. 国际城市规划，2018，33（2）：104–110.

带来巨大的财政压力，需要更加慎重地评估其对当地经济、文化、社会网络的潜在影响[①]。与此同时，国外社区目前还面临着住宅老化翻新的问题，各国均根据实际情况采取相应措施。新加坡自21世纪以来实行了以电梯改造、增修步行廊道、拓展房间面积等物质性改造为主的翻新计划和打造绿色社区、智慧社区等注入全新理念的更新策略[②]；芬兰通过股份制“住房公司”引入市场化资金，由住房公司、房地产开发商共同承担改造成本，划分改造收益，解决老旧小区改造中的资金不足、主体不清问题[③]；美国针对独居老人日益增多的现状对社区进行了相应改造，建设服务强化型社区、集中照料型社区等[④]。欧美发达国家城市更新主要有财税支持类、资金补贴类、金融创新类等投融资模式。社区改造资金主要有两类来源：一是在国有土地占比较高、住宅产权居民自有的情况下，以政府资金为主，居民自投资金为辅，如新加坡由当地建屋发展局主持改造项目、承担大部分改造资金；二是在房屋产权企业所有比例较高的情况下，由产权所有住房公司与房地产开发商利用存量建筑，并辅以腾退闲置土地与提高容积率等方式，提供与回收改造资金（如芬兰）。大体而言，国外社区改造的权责划分和利益分享机制较为清晰，有明确的责任分工。

（3）城市更新机构

城市更新机构分为三类：一是官方属性。以新加坡市重建局为代表，成立于1974年4月1日，隶属国家发展部。1989年11月1日并入原有规划局的职责，形成统一负责发展规划、开发控制、旧区改造和历史保护的规划管理机构，具有完整的规划管理权和行政审批权。二是半官方属性。以英国的城市开发公司为代表（Urban Development Corpora-tions，简称UDC），1980年英国《地方政府规划与土地法》授权国家环境部成立城市开发公司，独立于地方政府，专门负责在城市内部划定的特定区域的规划事务[⑤]。UDC具有公私合作实体属性，拥有区域的管理权，通过环境部赋予

---

① 王一名，伍江，周鸣浩．城市更新与地方经济：全球化危机背景下的争论、反思与启示[J]. 国际城市规划，2020，35（3）：1–8.

② 张威，刘佳燕，王才强．新加坡公共住宅区更新改造的政策体系、主要策略与经验启示[J/OL]. 国际城市规划：1–27.[2021–10–18].http：//kns.cnki.net/kcms/detail/11.5583.TU.20210313.1351.002.html.

③ 周佳乐，丁锐，张小平，等．芬兰老旧社区填充式开发模式与启示[J/OL]. 国际城市规划：1–18.[2021–10–18].http：//kns.cnki.net/kcms/detail/11.5583.TU.20201126.1521.004.html.

④ 安·福赛思，詹妮弗·莫林斯基，简夏仪，等．改善老年人的住房与社区环境：规划设计如何应对衰弱与独居的挑战？[J]. 国际城市规划，2020，35（1）：8–19.

⑤ 陈曦，汪军．英国城市政策变迁及其评述[C]// 中国城市规划学会．转型与重构——2011中国城市规划年会论文集．南京：东南大学出版社，2011.

合法权利获得有价值的国有土地，地方政府以较低价格转让给公司，由公司负责经营。三是社会属性。香港市区重建局成立于 2001 年，根据《市区重建局条例》规定，市区重建局是一个永久延续的法人团体，具有特区政府在资金、财政、土地、政策等方面支持的独立运作机构，主要职责涵盖重建发展、楼宇修复、文物保育和旧区活化等内容。董事会是市区重建局的决策和执行机构，70% 的职员为非公职人员[①]。

（4）“士绅化”

城市更新是一个“破旧立新”的过程，补齐短板是底线，提升品质是目标，这意味着旧空间的剥落与新空间的生产。“绅士化（Gentrification）”的含义本是正面的，体现文明和礼貌。在对城市更新的反思中，“绅士化”是一个不可忽视的关键词，具有负面的含义，或许称为贵族化更合乎原意，中国语境下常译为“士绅化”。20 世纪 60 年代，社会学家 Ruth Glass 根据对伦敦的空间与阶层变迁的观察提出了“士绅化”的概念，揭示了城市发展进程中“城市士绅（Urban Gentry）”阶层如何回到内城、实现了对更低阶层的驱逐。随后，“士绅化”的概念不断发展，学者们通过对巴黎、纽约、上海等城市的观察经验，丰富了“士绅化”的内涵。在城市更新中，空间变迁的重要特征是人口、功能的替代，如阮仪三、顾晓伟（2004）提出以上海新天地为代表的街区改造手段是进行“功能置换”[②]，代表自上而下的城市更新模式，而田子坊则代表自下而上的城市更新模式。在旅游和商业导向的单一化规划思路下，我国历史文化街区改造容易陷入过度商业化的泥淖，租金上涨、消费升级等现象正印证着“商业士绅化（Commercial Gentrification）”和“居住士绅化（Residential Gentrification）”的发生。

关于“士绅化”的研究并没有停留在这一现象本身，而是由“士绅化”出发，指向对资本主义文化的反思和社会正义的讨论。Zukin（2009）曾以“时装化（Boutiquing）”这一概念描述“（商业）士绅化”，认为这体现了一种同质化的文化趋势，抹杀了地方独有的、代表着社会较低阶层人群的文化形式和生活方式。刘彬、陈忠暖（2018）则借助成都远洋太古里的改造案例，揭示了“传统文化”噱头下的“全球消费主义”，认为将历史文化街区改造为新兴消费文化空间往往意味着“本土历史文化的表面化”，原有的日常生活空间被截取、嫁接到新的消费空间中，地方文化成为一种特定的文化载体和“流量”的附庸，其真正的内核则是全球话语体系下的消费主

① 王世福，沈爽婷 . 从“三旧改造”到城市更新——广州市成立城市更新局之思考 [J]. 城市规划学刊，2015（3）：22-27.

② 阮仪三，顾晓伟 . 对于我国历史街区保护实践模式的剖析 [J]. 同济大学学报（社会科学版）：2004（5）：1-6.

义[①]。换言之，在文化、创意、时尚等话语背后，可能隐藏着一种“文化领域的经济殖民”危机（Wang,2011）。Shin（2010）[②]和Martinez（2016）认为经历“士绅化”的街区中的原居民并不能充分享有想象街区未来的话语权，原有的归属感、认同感在城市更新过程中遭受挑战甚至解构。He和Wu（2009）认为城市更新中的“士绅化”构成了一种暗色的暴力，折射着“实际存在的新自由主义”实践[③]。

在这些讨论的基础上，一系列研究通过将城市更新放回地方制度语境下，剖析更新实践背后更为深层的运作机制及逻辑。学者认为在中国语境下，“国家”在其中扮演的角色是城市研究无法回避的议题。He、Wu（2005）[④]和Wu（2018）[⑤]将“国家”带回研究舞台的中央，认为我国城市更新中存在交错的多股力量，对我国城市更新机制的研究从21世纪初期的“房地产主导型（Property-led）”发展为“规划中心（Planning Centrality）”。施芸卿（2014）围绕着“发展”的话语、以增长为驱动力，认为国家成为“企业主义”的代言人，“城市主义”构成了唯一的生活方式，以“增长”为目标的“发展”也因此为改造赋予了正当性[⑥]。由此，国家与资本、社会达成合意，重塑了城市的物理、经济、社会乃至政治空间。由此可见，不同的政治经济逻辑构成了理论化的底色，这些反思同时加强了对地方以及全球的政治经济转型的理解。

2. 国内城市更新与老旧小区改造

（1）城市更新历程

城市发展是一个不断新旧更替、周而复始的过程，城市更新作为城市自我调节、完善机制贯穿城市发展过程始终，大规模城市更新是快速城市化与城市转型进程中的关键环节。我国较大规模城市更新进程相较西方国家而言开始较晚，大致划分为以下

---

① 刘彬，陈忠暖．权力、资本与空间：历史街区改造背景下的城市消费空间生产——以成都远洋太古里为例[J]. 国际城市规划，2018，(1)：75-80，118.

② SHIN H B. Urban Conservation and Revalorisation of Dilapidated Historic Quarters：The case of Nanluoguxiang in Beijing[J]. Cities，2010，27：S43-S54.

③ HE S，WU F.China's Emerging Neoliberal Urbanism：Perspectives from Urban Redevelopment[J]. Antipode，2009，41（2）：282-304.

④ HE S，WU F.Property-led Redevelopment in Post-reform China：A Case Study of Xintiandi Redevelopment Project in Shanghai[J]. Journal of Urban Affairs，2005，27（1）：1-23.

⑤ WU F.Planning centrality，Market Instruments：Governing Chinese Urban Transformation under State Entrepreneurialism[J]. Urban Studies，2018，55（7）：1383-1399.

⑥ 施芸卿．增长与道义：城市开发的双重逻辑——以B市C城区“开发带危改”阶段为例[J]. 社会学研究，2014，29（6）：49-73，243.

五个阶段：①底线修补阶段（中华人民共和国成立后—改革开放前）。城市建设的重点在于建设工业性新城和职工宿舍，政府主导的旧城住宅区与环境恶劣区域的针对性改造，主要体现了“形体规划”理念，以最为基础的生产和生活设施建设为主，侧重改善基础的卫生条件和公共设施，完成物质空间的必要改善。②散点拆改阶段（改革开放后—20 世纪 90 年代中期）。这一时期随着城市新区、各类开发区如火如荼的规模式发展，城市政府在城市扩张的过程中也注意到了旧城改造的需要，《城市规划条例》与《城市规划法》在法规上明确了旧城改造的要求，城市更新以散点式拆改建为主。③规模拆建阶段（20 世纪 90 年代—21 世纪初）。我国的城市更新尚处于起步阶段，推动城市发展、提升城市面貌的急切渴求使得国家与资本联袂登场[①]，尤其自 1994 年分税制改革导致土地财政兴起后，各地在老城空间大兴土木工程的现象愈演愈烈。大量拆旧建新的大型工程使得城市的历史文脉遭到破坏，并冲击了原有街区的社会关系、生活方式，取而代之的是大量新建仿古建筑和街区[②]，抑或是由开发商主导的大型房地产开发项目，构成了我国早期大规模城市更新项目的整体印象。这有中华人民共和国成立初期至改革开放以前我国一直奉行“重生产轻生活”的发展理念，住宅建设普遍标准低、质量差，大部分确实不具有保留价值的客观基础，也有行政程序简易化、好操作的现实逻辑。以上海新天地为代表的老城区更新改造模式反映的是一种城市更新的“旧常态”，是一种以投资为主导、对房地产高度依赖的快速建设模式，老城区的空间结构在更新过程中被完全市场化重组[③]。④功能腾挪阶段（21 世纪初—2016年）。城市更新逐渐成为城市化的重要手段，“退二进三”政策下产生的大量工业旧区使得“旧城开发”“城中村改造”成为新的市场投资热点，城市的功能结构、产业结构在这一阶段发生重大变化以适应新的社会经济需求，侧重物质形态的改变。⑤存量提质阶段（党的十八大以来），城市建设从“增量规划”逐渐向“存量调整”“减量发展”转变，土地发展权、空间权力的再分配成为这一阶段的重点[④]，城市更新成为盛极一时的热门词汇，本质内涵发生重大变化。以老旧小区、老旧厂区、老旧街区、城中村为代表的“三区一村”和公共空间、生态空间的改造成为城市更新的重点空间场域，非物质的城

① 施芸卿 . 一把尺子如何“量到底”：基层治理中的制度硬化——以一个城市更新试点项目为例 [J]. 2019，39（2）：31–57.

② 阮仪三，顾晓伟 . 对于我国历史街区保护实践模式的剖析 [J]. 同济大学学报（社会科学版），2004（5）：1–6.

③ 吴凯晴 .“过渡态”下的“自上而下”城市修补——以广州恩宁路永庆坊为例 [J]. 城市规划学刊，2017（4）：56–64.

④ 阳建强，陈月 .1949—2019 年中国城市更新的发展与回顾 [J]. 城市规划，2020，44（2）：9–19，31.

市空间秩序营造、社会秩序重构与物质空间重塑、产业结构升级并驾齐驱。大拆大建的模式之所以会逐步退出历史舞台，除了得益于各领域学者的奔走呼吁，还由于城市更新的场域本身所具有的特殊性——亟须更新的区域（主要是内城）往往存在建筑密度高、建筑质量差、居住条件落后、空间资源有限、社会人口状况复杂、产权划定不清等问题，土地的碎片化使得开发商不愿接手①；与此同时，内城又是城市的历史文脉所在之处，保留城市的历史文化与传统的生活方式，面临保护与发展的两难困境。城市更新的尺度逐渐缩小，某种程度上正是对城市更新所面临的治理困境的回应，“微更新”“微循环”“微改造”等城市更新模式在各地纷纷涌现，并频繁出现于官方的政策文本当中，逐渐成为城市更新领域的最新共识。

（2）城市更新本质

政治维度，王世福等（2015，2021）认为城市更新的本质是一项社会过程属性显著的公共管理行为，其基本职责是维育建成环境，拓展职责是协调城市再开发②，反映了一座城市的治理能力，是一整套有关维育建成环境和再开发的制度体系③。经济维度，阳建强等（2020）认为城市更新体现为产权单位之间以及产权单位和政府之间不断的博弈，体现为市场、开发商、产权人、公众、政府之间经济关系的不断协调的过程④。何鹤鸣、张京祥（2017）认为存量土地的再开发不仅是物质空间的功能再利用，更是以特定产权关系为基础的利益重构过程，因此城市更新的本质就是产权交易过程⑤。朱一中等（2019）认为城市更新涉及增量（剩余控制权与剩余索取权）的分配公正，前者涉及难以在契约或法规当中明文规定的部分，决定资产如何被使用（如城市更新的执行手段），后者涉及收益分配的优先序列，决定收益如何被分配—分成地租契约⑥。邹兵（2013）认为存量规划的重点是处理复杂的既存利益格局调整的问题，通过建成环境综合容量的提升解决存量问题，如何实现增量成为城市更新顺利实施的突破口。城市更新主要涉及主体（谁来做）、内容（做什么）、范围（在哪做）、路径（怎么

---

① 谭肖红，谢涤湘，吕斌，等．微更新转型语境下我国城市更新治理困境与实施反思——以广州市恩宁路街区更新为例 [J]. 城市发展研究，2020，27（1）：22-28.

② 王世福，沈爽婷．从“三旧改造”到城市更新——广州市成立城市更新局之思考 [J]. 城市规划学刊，2015（3）：22-27.

③ 王世福，易智康．以制度创新引领城市更新 [J]. 城市规划，2021，45（4）：41-47，83.

④ 阳建强，陈月．1949—2019 年中国城市更新的发展与回顾 [J]. 城市规划，2020，44（2）：9-19，31.

⑤ 何鹤鸣，张京祥．产权交易的政策干预：城市存量用地再开发的新制度经济学解析 [J]. 经济地理，2017，37（2）：7-14.

⑥ 朱一中，王韬．剩余权视角下的城市更新政策变迁与实施——以广州为例 [J]. 经济地理，2019，39（1）：56-63，81.

做）四个方面的内容，深圳市界定城市更新是指符合规定的主体根据城市规划和有关规定程序对符合条件的特定城市建成区（包括旧工业区、旧商业区、旧住宅区、城中村及旧屋村等）进行综合整治、功能改变或者拆除重建的活动。

（3）城市更新模式

从参与主体角度，在借鉴西方国家当代城市更新实践的经验基础上，不同角色、不同类型的治理模式在各地得到广泛实践。大规模的拆迁重建逐渐被摒弃，由政府单一主导向多主体共同参与转变，社区改造逐渐成为重点发展模式，也更加注重引导公众参与。因此，郭旭、田莉（2018）将城市更新划分为“自上而下”的政府权威主导模式和“多元合作”的治理模式①。多元角色关系特别是政府的角色定位随着城市治理目标与经济发展水平不断变化，导致差异化的空间治理②。“政府—社区—市场”的协商型发展联盟在部分地区改造更新中得以建立并分享更新改造中的增值收益③④。随着城市更新更多地聚焦某一地块、某一单元的微更新，老旧小区改造的路径与模式逐渐受到关注。

从资金投入角度，老旧小区改造的市场化趋势已经出现，秦虹（2021）认为在城市有机更新下的融资链条分为“投资—建设—运营”三个环节，对应的城市有机更新投融资呈现投资基金化、建设信贷化、运营证券化三大趋势⑤。随着老旧小区改造不断在实践中推进，学者研究发现，企业出资参与相比政府主导投资而言有更强的可持续性和灵活性，引入企业进行改造有助于缓解地方政府巨大的财政压力，也能够运用更多的技术和资源满足居民更多方面的改造需求，是对老旧小区进行微更新改造的有力方式⑥。已有的市场化参与模式包括社会资本与小区业主利益捆绑、商业捆绑开发改造、旧区改造绑定物业管理⑦、公私合作 PPP（政府和社会资本合作）等。在政府、市场、居民共同参与改造的模式下，如何在沟通协商中保持理性以最

① 郭旭，田莉．“自上而下”还是“多元合作”：存量建设用地改造的空间治理模式比较 [J]. 城市规划学刊，2018（1）：66–72.

② 司南，阴劼，朱永．城中村更新改造进程中地方政府角色的变化——以深圳市为例 [J]. 城市规划，2020，44（6）：90–97.

③ 袁奇峰，钱天乐，郭炎．重建“社会资本”推动城市更新——联滘地区“三旧”改造中协商型发展联盟的构建 [J]. 城市规划，2015，39（9）：64–73.

④ 万继伟．国外城市更新的经验对我国老旧小区改造的借鉴意义 [J]. 城市建筑，2020，17（24）：17–19.

⑤ 秦虹．城市有机更新的金融支持政策 [J]. 中国金融，2021（18）：16–18.

⑥ 李志，张若竹．老旧小区微改造市场介入方式探索 [J]. 城市发展研究，2019，26（10）：36–41.

⑦ 徐峰．社会资本参与上海老旧小区综合改造研究 [J]. 建筑经济，2018，39（4）：90–95.

终在利益分配、风险纠纷等方面达成一致成为改造方案落地的重难点[①]；此外，由于老旧小区改造涉及的关联主体多、投资回报周期长且稳定性较差、各项规划制度与政策不完善，如何实现盈利也成为企业进入改造的难点。在政策上简化各种审批手续、灵活变通以降低规划限制、加大金融机构政策支持和财政补贴力度，以实现企业改造的“可持续微盈利”[②③]。

（4）城市更新路径

我国在各地的老旧小区改造上呈现出多元路径。如上海进行老旧小区有机更新的时间较早，主要集中在为小区加装电梯、加固、加层以及市政基础设施管线改造等方面，借助专项改造共同推进。早期以政府投资为主，后开拓了业主自筹资金等多个渠道[④⑤]。以广州老旧小区“微改造”为代表，其更强调参与主体的多元化，除了政府负责统筹规划外，社区居民、规划师等社工组织、专业人士都可以参与到改造过程中来[⑤]。尤其在老旧小区加装电梯的项目中，广州获得了宝贵的实践经验：由居民明确协商内容后再共同提出改造申请、实行小规模的实施单元以降低协商难度、以最终获益为依据确定居民出资比例，在防止利益主体在协商过程中陷入集体行动困境上为各地提供了思路[⑥]。此外，哈尔滨、宁波镇海区、厦门湖滨片区等地均进行了老旧小区改造的相关探索，总结了“共建共享”“成片改造”“自主更新”“微改造”等现有改造模式的成本收益、可行性、现存问题等[⑦⑧⑨⑩]。

（5）产权制度研究

城市更新过程可看作对已有建成空间的再次交易。在此基础上，城市空间形态也可作为一组空间“权利束”。初始制度确立的初始空间产权配置影响了城市更新中

① 王书评，郭菲．城市老旧小区更新中多主体协同机制的构建 [J]. 城市规划学刊，2021（3）：50–57.

② 徐晓明．社会资本参与老旧小区改造的价值导向与市场机制研究 [J]. 价格理论与实践，2021（6）：17–22.

③ 单爽，李嘉珣．老旧小区改造盈利模式的市场化探索——以北京市 J 社区为例 [J]. 建筑经济，2021，42（1）：88–91.

④ 王彬武．上海市老旧小区有机更新的探索与实践 [J]. 经济研究参考，2016（38）：39–43，54.

⑤ 刘贵文，胡万萍，谢芳芸．城市老旧小区改造模式的探索与实践——基于成都、广州和上海的比较研究 [J]. 城乡建设，2020（5）：54–57.

⑥ 李东泉，王瑛．集体行动困境的应对之道——以广州市老旧小区加装电梯工作为例 [J]. 北京行政学院学报，2021（1）：28–35.

⑦ 王惠燕．城市老旧小区改造的对策研究——以哈尔滨市为例 [J]. 上海城市管理，2019，28（4）：93–96.

⑧ 林洪，董超，周甜．探索“共建共享”模式下老旧住宅小区改造 [J]. 住宅与房地产，2019（12）：233.

⑨ 刘金程，赵燕菁．旧城更新：成片改造还是自主更新？——以厦门湖滨片区改造为例 [J]. 城市发展研究，2021，28（3）：1–6.

⑩ 蔡云楠，杨宵节，李冬凌．城市老旧小区“微改造”的内容与对策研究 [J]. 城市发展研究，2017，24（4）：29–34.

的交易成本差异，进而对城市空间形态的产权再配置产生重要影响。江泓（2015）认为在“初始交易—难以交易—再交易”的城市空间形态演变过程中，会受到原有制度限制，因此需要制度变革引导城市空间发展[①]。规划作为引导城市空间演变的重要工具，也须根据现实发展需要不断改变内涵与特点。孙睿（2021）从产权角度出发，认为我国规划明确规定了政府可以出让的开发权利，规划条件决定了产权配置方式[②]。邹兵（2015）认为存量规划面临着多个分散的产权主体，交易方式更加复杂多样[③]。王玉（2018）、王嘉良（2021）以及赵万民、李震、李云燕（2021）认为需要对城市存量空间的产权内涵进行重构，对其中性质、关系模糊的部分进行再界定，实现相对清晰的产权逻辑，促进原产权人之间权利关系的转让，提升城市发展效率[④⑤⑥]。

由于外部制度变革的不完善，城市存量空间的初始产权配置大多处于“模糊状态”，从而带来了后续利用的种种问题。存量空间可以分为存量土地和存量建筑。在土地使用方面，朱介鸣（2016）认为我国从1949年以来实行用地无偿划拨制度，改革开放后逐渐转向市场“招拍挂”模式。然而，由于部分土地使用权实际上掌握在国有单位、集体经济体等复杂主体中，土地产权市场化运作和划拨实际上双线并行，导致了土地产权并未得到统一界定，形成了权利上的“模糊地带”，导致了土地利益流失和土地寻租现象[⑦]。在建筑使用方面，冯立、唐子来（2013）认为20世纪90年代以来居住建筑经历着从无偿分配向市场化改革的变革，导致实际经济运行活动中出现了使用权、处分权、收益权等行为权利的界定不清，从而引起纠纷与矛盾。如根据法律规定，工业用地建筑所属业主只保留其工业性质的使用权，无权进行转让、抵押等。随着经济发展水平变化，原有产业需要进行转换，却受到了用地性质变更及土地权利变更的阻碍，无形之中产生了大量非正式手段的用地情况——保持原有土地属性不变但改变建

① 江泓．交易成本、产权配置与城市空间形态演变——基于新制度经济学视角的分析 [J]. 城市规划学刊，2015（6）：63–69.

② 孙睿，陈敏．辨析产权与规划权力的关系——中国控规与美国区划法的比较研究 [J]. 国际城市规划，2021，36（1）：83–90.

③ 邹兵．增量规划向存量规划转型：理论解析与实践应对 [J]. 城市规划学刊，2015（5）：12–19.

④ 王玉．产权单元为工具的老城更新实施规划工作路径探索——基于高平老城更新实施规划的实践 [J]. 中外建筑，2018（9）：99–103.

⑤ 王嘉良．新制度经济学视角下的城市更新探讨 [J]. 经济师，2021（2）：270–271.

⑥ 赵万民，李震，李云燕．当代中国城市更新研究评述与展望——暨制度供给与产权挑战的协同思考 [J]. 城市规划学刊，2021（5）：92–100.

⑦ 朱介鸣．制度转型中土地租金在建构城市空间中的作用：对城市更新的影响 [J]. 城市规划学刊，2016（2）：28–34.

筑功能，并阻碍了存量土地的再开发[①]。严若谷（2016）认为其实质是原有制度造成的行为人对存量空间权能和权益的模糊性，从而影响城市开发模式与利益分配机制[②]。这种产权模糊带来的种种问题表现为存量土地或存量空间的产权关系复杂——利益主体多样，产权人权利与实际用途发生冲突，其本质是产权的种种内涵界定模糊，资产属性未能划分明确，导致产权运行困难。

随着经济社会的不断发展，城市中心区的现有地租与优良区位带来的潜在“地租差”成为城市更新的主要经济动力[③]。然而，存量空间的产权分离使得这部分“地租差”落入公共领域，给城市更新带来了极高的交易成本[④]：一方面，使用权、处分权、收益权等内涵界定的不清晰使得产权主体的收益难以得到保证，提高了城市更新中的制度成本；另一方面，同一资产复杂、破碎的产权结构可能会增加交易的时间成本，导致谈判陷入僵局，阻碍功能更新。特别在我国部分地区要求住宅区居民更新意愿达到100%的情况下方可进行城市更新，形成了高昂的交易成本，导致制度失效[⑤⑥⑦⑧]。

（6）产权重构实践

在“地租差”的驱动与产权模糊的限制下，包括政府、企业、居民在内的现有产权主体均做出了种种尝试，以期通过产权重组重构，一方面将外部成本内部化，降低现有交易成本，另一方面使得收益获取和成本承担主体趋于一致化，增强更新激励，最终实现高效城市更新和基层多元治理机制的顺利运行。在城市空间初始配置的基础上，产权的重构面临如何平衡各产权主体利益的难题。目前城市更新中的产权重构实践主要聚焦在存量土地再开发上。以美国土地发展权转移计划（TDR）为参考，我国的城市更新也积极探索以产权为核心的制度创新，如通过土地产权重构、空间资源产权重组、产权联合共建等多种方式，降低城市更新交易成本，增加收益，促进空间资

① 冯立，唐子来．产权制度视角下的划拨工业用地更新：以上海市虹口区为例 [J]. 城市规划学刊，2013（5）：23-29.

② 严若谷．旧工业用地再开发的增值收益与分配机制 [J]. 甘肃社会科学，2016（4）：251-255.

③ 郭旭，严雅琦，田莉．产权重构、土地租金与珠三角存量建设用地再开发—— 一个理论分析框架与实证 [J]. 城市规划，2020，44（6）：98-105.

④ 胡纹，周颖，刘玮．曹家巷自治改造协商机制的新制度经济学解析 [J]. 城市规划，2017，41（11）：46-51.

⑤ 杨槿，徐辰．城市更新市场化的突破与局限——基于交易成本的视角 [J]. 城市规划，2016，40（9）：32-38，48.

⑥ 杨壮．交易成本视角下城市更新困境研究——以广东省为例 [J]. 中国管理信息化，2020，23（10）：154-155.

⑦ 朱一中，王韬．剩余权视角下的城市更新政策变迁与实施——以广州为例 [J]. 经济地理，2019，39（1）：56-63，81.

⑧ 邱翔．产权视角下上海中心城区历史街坊有机更新的策略研究 [J]. 建筑与文化，2018（10）：213-215.

源再配置，推动产权人间的利益共享，最终实现城市空间的转型升级[①②]。目前深圳、广州、上海、台湾等地均进行了相应探索，并总结一定经验模式。深圳是我国城市更新政策推进进程快、体系建设完备的重要城市，2004 年后，政府及相关部门相继出台《深圳市城中村（旧村）改造暂行规定》《深圳市城市更新办法实施细则》等系列文件，在政府“积极不干预”原则上构建了鼓励申报主体自下而上进行自主委托的城市更新体系[③]。考虑更新区域内存在大量历史遗留的“违法建筑”，深圳市政府提出了开发收益共享的两大原则：一是针对现有违建用地，原集体需要在整理好地块内权属关系后自主完成用地性质的转换。完成性质转换后，政府可在协议出让时以公告基准地价的 10% 对违建用地处理进行补偿。二是违建用地整体按照“20-15”原则进行开发，政府与市场主体以二八原则进行划分，其中市场主体进行开发的 80% 面积中，须有 15% 优先考虑进行公共要素建设[④]。该原则实际上是将土地开发权进一步细分，使其突破原有法律束缚，将违建主体共同纳入土地开发收益分配机制，从而减轻更新阻力，降低交易成本，推动市场导向下城市更新的顺利运转。

（7）城市更新机构

城市更新管理机构分为两类：一是实体部门。有些城市成立了正式的城市更新机构，以广州（城市更新局，2015）、深圳（深圳市城市更新和土地整备局，2015）、济南（城市更新局，2016）、湛江（城市更新局，2019）、佛山（城市更新局，2019）、成都部分区县（公园城市建设和城市更新局，2019）、长沙（城市人居环境局，2021）等为代表。2015 年 2 月，广州市在原市“三旧”改造工作办公室基础上成立全国首个城市更新局，2019 年 1 月，广州市城市更新局取消，并入广州市规划和自然资源局。二是协调机构。城市政府成立城市更新工作协调机构，名称差异较大，如城市更新和城市建设总指挥部（青岛）、城市更新项目指挥部（开封）、城市更新行动指挥部（永康）、城市更新建设项目协调指挥部（湘潭）等，办公室一般设在住房和城乡建设局。关于城市更新局的职责，有学者认为应兼具行政和社会属性，有效协调与规划、建设、

---

① 黄军林 . 产权激励——面向城市空间资源再配置的空间治理创新 [J]. 城市规划，2019，43（12）：78-87.

② 段德罡，杨萌，王乐楠 . 土地产权视角下旧城更新规划研究——以西安市碑林区为例 [J]. 上海城市规划，2015（3）：39-45.

③ 田莉，姚之浩，郭旭，等 . 基于产权重构的土地再开发——新型城镇化背景下的地方实践与启示 [J]. 城市规划，2015，39（1）：22-29.

④ 刘芳，张宇 . 深圳市城市更新制度解析——基于产权重构和利益共享视角 [J]. 城市发展研究，2015，22（2）：25-30.

房管等行政主管部门之间的关系，建立可促成谈判和合作的公开机制及相应的监督机制[①]，广州城市更新局的取消可能与其和规划存在业务上的重叠有关。

3. 文献评述

（1）已有研究大多从自上而下的视角审视城市更新，以城市更新的政策传导作为研究的主要脉络，缺乏从自上而下和自下而上双向视角的互动。随着新经济制度学引入城市规划领域，产权理论和交易成本已经成为一个解读城市更新的新视角。学界认为，现有存量土地更新实质是一个以特定产权关系为基础的利益重构过程，其本质就是产权交易过程。土地市场化改革后，部分土地产权仍处于模糊状态。根据现有老旧小区市场化改造的实践模式总结，老旧小区的市场化改造过程实质就是以小区存量空间换取改造资金的过程。其中就涉及存量空间的产权交易与重构问题，且其产权问题很大程度上决定了改造项目对市场化主体的吸引程度。在此基础上形成的土地利益格局，使得存量土地更新过程的交易成本非常高，从而阻碍了土地在空间性质和权利关系上的转化。产权重构或许能够解决多元利益格局对立的局面，促进参与主体提高更新效率和积极性。

（2）已有研究对于城市更新项目的核心问题——资金的循环使用关注较少，导致研究的结论难以落地实施，城市更新可持续性不足。随着城市化进程进入中后期，城市更新已经从大规模推倒重建逐渐转向微改造、微更新模式，老旧小区改造成为各地政府城市更新的任务之一。基于资金有限、改造数量较多等问题，我国地方政府开始探索引入市场化改造模式。由于市场化改造模式在实践中仍然处于试点阶段，成型案例较少，学界多以单个案例作为研究对象，解决问题的视角和思路大多停留在特殊案例上，缺乏对改造模式的全面总结、改造问题的本质探讨。相比国外社区改造较为明晰的责任模式和盈利途径，我国社区存量建筑复杂的产权关系使得企业进入改造后的盈利模式、参与角色等问题还未在实践中找到较优解，学界对老旧小区市场化改造模式的研究还停留在某一案例的分析总结上，未能对深层制度进行剖析与总结。

（3）现有研究深刻地剖析了我国城市更新的实施机制，尤其对国家、市场、社会之间的互动进行了深入分析，回答了“城市更新是什么”“城市更新如何推进”“谁在推动

---

① 王世福，沈爽婷．从“三旧改造”到城市更新——广州市成立城市更新局之思考 [J]. 城市规划学刊，2015（3）：22-27.

城市更新”等问题。对于城市更新的基本理念、理论基础、政策逻辑、技术逻辑，尤其是在中国语境下缺乏深入探讨，无法很好地回答“在城市更新过程中，什么当破、什么当立”，在相应出台的政策文件中，一些机械式的规定为城市更新设置了制度障碍。城市的愿景与想象即权力本身，空间由此成为理解城市更新中的权力运作的关键所在。

（三）理论构建

1. 相关理论

（1）新制度经济学理论

新制度经济学是对传统经济学中福利经济学范式的突破。庇古的福利经济学认为，公共干预是为了改善完全市场中产生的外部性、公共物品供应不足等“市场失灵”现象，进而产生政府干预行为，这也是传统城市规划理论的依据来源——通过规划与限制，减少市场经济活动带来的负外部性。科斯在《企业的性质》和《社会成本问题》中对市场外部性的界定与公共干预的有效性提出了质疑，重新将目光放到制度设计上。后来的学者根据其思想总结出科斯定理：当交易成本为零时，无论初始产权如何配置，最后都能通过市场机制实现资源最优配置；但当交易成本存在且为正时，产权的初始配置和制度安排将会影响资源的有效配置，即公共干预并不必然能够解决市场失灵问题，这要取决于有效的产权界定和制度安排。Alexander 将这一经济学范式的转变引入城市规划领域，认为规划应该作为市场行为的协调和治理手段，而非必然干预，且应该更多地关注制度设计，并把“交易成本”作为衡量制度优劣的重要标准[①]。在这一概念框架下，城市规划也可以被理解为市场经济中人类活动空间表现形式的制度化控制[②]。市场制度的重要因素是产权、合约（合同关系等）、交易成本。目前，新制度经济学以“交易成本”概念为出发点，以契约为主要研究对象[③]，主要延伸出了交易成本经济学和产权经济学两个分支[④]，并在城市规划领域有了一定应用。以新制度经济学的

---

① ALEXANDER E. To Plan or Not to Plan, That Is the Question-Transaction Cost Theory and Its Implications for Planning[J]. ENVIRONMENT AND PLANNING B-PLANNING & DESIGN, 1994, 21(3): 341-352.

② LAI L W C. Neo-Institutional Economics and Planning Theory[J]. Planning Theory，2005，4（1）：7-19.

③ 桑劲 . 西方城市规划中的交易成本与产权治理研究综述 [J]. 城市规划学刊，2011（1）：98-104.

④ 聂辉华 . 交易费用经济学：过去、现在和未来——兼评威廉姆森《资本主义经济制度》[J]. 管理世界，2004（12）：146-153.

角度剖析城市规划乃至城市更新领域内的种种问题已经成为城市更新领域研究的一个新的视角，具体体现在以下两个方面。

一是交易成本与城市规划。交易成本通常被视为市场中所有非生产行为产生的成本。从产权运行的角度来看，交易成本被定义为与转让、获取和保护产权有关的成本[①]，即不同权利主体确定权、责、利的成本[②]。信息不完全、资产专用性和机会主义产生了交易成本，从而带来了不完美契约[③]。城市发展中的交易成本可以分为市场主体完成交易所耗费的非生产性成本以及城市发展的制度成本[④]。规划的存在正是为了降低组织运行过程中的交易成本，而非为了弥补“市场失灵”。最优的制度就是交易成本最低的制度，制度本身的设计、运行也会产生大量的交易成本。规划中的交易成本使理论上的最优空间布局无法在现实出现[⑤]，部分地区存量土地更新也因为产权的交易具有纵向“双边垄断”及横向“碎化产权”特点而产生较高的交易成本，从而导致制度失效[⑥]。因此，创建、更改或使用制度和制度安排使生产和交换过程中的交易成本最小化成为新制度经济学家制定规划政策的重要目标之一。学界尝试用交易成本经济学去评价规划设计制度的优劣与问题，如土地制度安排等[⑦]，但目前如何确定影响交易成本的因素、衡量制度运行中的交易成本仍然是难题。交易成本不但包括了各种看得见的有形成本，还包括大量时间投入等无形成本，量化分析交易成本在现实中充满了障碍。有学者通过尝试构建交易特点、交易人特征、政策特点的三维分析框架来评估规划政策工具中影响交易成本的因素，认为交易的相互依赖性、不确定性、代理人数量的增加会提高交易成本；交易持续时间和频率、中介机构参与的增加既有可能提高也有可能降低交易成本；交易人的经验、信任度、共同偏好和社会联系的增加会降低交易成本；政策的复杂性、政策的年龄、政策的准确性、政策的方法、公众的参与度以及政策的可信度和一致性等会影响政策交易成本。其后又尝试估计了美国马里兰地区土地发展权转移项目的交易成本，包括时间相关成本和直接货币费用，最终发现不同制度

---

① Y. 巴泽尔 . 产权的经济分析 [M]. 费方域，段毅才，译 . 上海：上海人民出版社，1997.

② 段毅才 . 西方产权理论结构分析 [J]. 经济研究，1992（8）：72-80.

③ 威廉姆森 . 资本主义经济制度 [M]. 段毅才，王伟，译 . 北京：商务印书馆，2002.

④ 桑劲 . 西方城市规划中的交易成本与产权治理研究综述 [J]. 城市规划学刊，2011（1）：98-104.

⑤ 赵燕菁 . 制度经济学视角下的城市规划（下）[J]. 城市规划，2005（7）：17-27.

⑥ 杨槿，徐辰 . 城市更新市场化的突破与局限——基于交易成本的视角 [J]. 城市规划，2016，40（9）：32-38，48.

⑦ BUITELAAR E. A Transaction-cost Analysis of the Land Development Process[J]. Urban Studies，2004，41（13）：2539-2553.

安排产生了不同的交易成本，并在 TDR 参与者中进行了不同的分配，且大部分交易成本由私营部门承担。这可能会阻止土地所有者参与 TDR 项目，从而阻碍规划目标的实现[①②]。整体而言，交易成本的分析理论框架是衡量城市规划制度的一个重要切入点，但其切实运用还有待通过实践案例进一步补充。

二是产权属性与城市更新。产权经济学是新制度经济学的另一重要分支。经济学把产权定义为一束权利，即个人支配其自身劳动、物品和劳务的权利[③]。这种权利中最根本的是所有权，在此基础上还包括使用权、收益权、转让权、改造权[④]。如果产权定义并不完整，那么一些有价值的资产就会被置于公共领域成为公共使用对象。当公共领域的某部分价值被重视并且产权界定的边际收益大于边际成本时，该部分产权就会被重新界定[⑤]。在城市规划领域，产权界定通常与土地利用紧密相关，对土地利用效率有着重大影响。由于城市区域发展的不平衡，不同区位的土地具有不同的价值。通过分解土地产权，城市开发成本某种程度上可以被转移到受益者身上，从而提高土地分配效率。美国的土地发展权转移计划（TDR）就是典型的例子，保护区的土地发展权可以转移到发展区，购买相应开发权的开发者可以在规划要求外增加开发强度，保护区居民也可以享受到开发者的资金补贴。实践至今，美国已不单将发展权用于转让，更直接将其作为交易单位进行计算，促进交易市场的完善[②]。随着增量开发向存量开发转变，中国的城市更新也逐渐关注到了产权在其中的应用。存量土地的再开发不仅是物质空间的功能再利用，更是以特定产权关系为基础的利益重构过程，其本质就是产权交易过程[⑥]。有学者认为，20 世纪 90 年代土地与房地产市场化的过程，即土地由“生产资料”转向“经济资产”的过程。由于土地产权名义上为国家和集体所有，实际上部分土地使用权掌握在国有单位、集体经济体等复杂主体中，土地产权市场化运作和划拨实际上双线并行，导致土地产权并未得到统一界定。土地产权的模糊界定导致

① SHAHAB S，CLINCH J P，O'Neill E. Accounting for Transaction Costs in Planning Policy Evaluation[J]. Land Use Policy，2018，70：263–272.

② SHAHAB S，CLINCH J P，O'Neill E. Estimates of Transaction Costs in Transfer of Development Rights Programs[J]. Journal of the American Planning Association，2018，84（1）：61–65.

③ 郭旭，严雅琦，田莉 . 产权重构、土地租金与珠三角存量建设用地再开发—— 一个理论分析框架与实证 [J]. 城市规划，2020，44（6）：98–105.

④ 朱介鸣 . 模糊产权下的中国城市发展 [J]. 城市规划汇刊，2001（6）：22–25，79.

⑤ Y. 巴泽尔 . 产权的经济分析 [M]. 费方域，段毅才，译 . 上海：上海人民出版社，1997.

⑥ 何鹤鸣，张京祥 . 产权交易的政策干预：城市存量用地再开发的新制度经济学解析 [J]. 经济地理，2017，37（2）：7–14.

土地利益流失和土地寻租现象产生，同时形成的现有土地利益结构会对城市更新带来阻碍，造成更多新城乡移民的利益流失①。这种初始产权配置形成的利益格局使城市更新存量土地开发存在高昂的交易成本，划拨工业用地难以通过正式的更新手段转变性质，大多采用非正式手段，只改建而保持原有土地属性不变②。由此导致城市更新的再分配面临着多元主体利益分享的难题。有学者提出产权重构或许能够降低交易成本，激励交易行为，如通过土地产权重构制造出更多土地租金推动存量用地再开发③、通过空间资源产权结构的重组增加收益促进空间资源再配置④、将现状不明确的土地权属关系捆绑市场机制转换为清晰土地产权关系进行交易⑤等。如广州、深圳、上海都在土地更新制度方面进行了不同程度的创新尝试⑥，以应对增长方式的转型与产权关系的重构。

（2）空间产权理论

产权是一种通过社会强制实现的对某种经济物品的多种用途进行选择的权利⑦。产权概念主要有法学、经济学和社会学的学科解释：一是法学视角。产权是国家承认并保护产权所有者的权利，这种法律权利作为一种规则，将强化产权所有者的经济权利属性⑧。产权是指财产所有权，是所有权人依法对自己合法的财产享有占有、使用、收益和处分的权利，还指与财产所有权有关的财产权，这种财产权是在所有权部分权能与所有人发生分离的基础上产生的，是指非所有人在所有人财产上享有占有、使用以及在一定程度上依法享有收益或处分的权利。二是经济视角。"产权"主要基于新古典经济学理论，认为产权是"一束权利"，是法律或国家强制性规定的人对物的权利，是"一种通过社会强制而实现的对某种经济物品的多种用途进行选择的权利"，是产权所有者对于资产使用、资产收益、资产转让的控制权⑨，为人们的经济行为提供了相应的

---

① 朱介鸣．制度转型中土地租金在建构城市空间中的作用：对城市更新的影响 [J]. 城市规划学刊，2016（2）：28-34.

② 冯立，唐子来．产权制度视角下的划拨工业用地更新：以上海市虹口区为例 [J]. 城市规划学刊，2013（5）：23-29.

③ 郭旭，严雅琦，田莉．产权重构、土地租金与珠三角存量建设用地再开发—— 一个理论分析框架与实证 [J]. 城市规划，2020，44（6）：98-105.

④ 黄军林．产权激励——面向城市空间资源再配置的空间治理创新 [J]. 城市规划，2019，43（12）：78-87.

⑤ 刘芳，张宇．深圳市城市更新制度解析——基于产权重构和利益共享视角 [J]. 城市发展研究，2015，22（2）：25-30.

⑥ 田莉，姚之浩，郭旭，等．基于产权重构的土地再开发——新型城镇化背景下的地方实践与启示 [J]. 城市规划，2015，39（1）：22-29.

⑦ LIPSKY M．Street-level Bureaucracy[M]．New York：Russell Sage Foundation，1980.

⑧ 张磊．规划之外的规则——城乡接合部非正规开发权形成与转移机制案例分析 [J]. 城市规划，2018，42（1）：107-111.

⑨ ALCHIAN AA，DEMSETZ H.The Property Right Paradigm[J].The Journal of Economic History，1973，33（1）：16-27.

激励机制。《法国民法典》把产权定义成“以法律所允许的最独断的方式处理物品的权利”。其主要是以科斯、诺斯、阿尔钦等人为代表，该理论主要从产权视角研究稀缺资源的产权配置，用以分配与协调不同产权主体间的利益关系，从而实现资源的有效配置[①]，“其本质是人们围绕财产而结成的经济权利关系”[②]。通过明晰产权边界和产权结构来协调人与人之间的利益冲突，以达到降低交易成本、提高经济效率、实现资源配置最优的目的。三是社会学视角。强调“关系产权”，即产权是“一束关系”，反映一个组织与其环境——即其他组织、制度环境，或者组织内部不同群体之间长期稳定的交往关联，是一个组织应对所处环境的适应机制[③]。

上述定义都强调三个内容：一是产权必须是法律或社会强制规定并允许的人对物的权利；二是产权是经济所有制关系的法律表现形式，在法律和社会许可的条件下，产权所有者拥有他所拥有物的一切权利；三是产权主体选择的依据是产权经济学的重要内容。社会学视角中认为“产权”实质上是一种社会关系，或者说嵌入在社会关系之中，产权关系的结果取决于社会关系如何[④]，区别于边界明晰、排他性的经济学“权利产权”。关系产权强调组织和环境之间建立相互关联、相互融合、相互依赖的稳定关系，产权结构则是用来维系这种稳定关系[⑤]。基于现代产权理论的奠基者和主要代表人科斯“没有产权的社会是一个效率绝对低下、资源配置绝对无效的社会”的观点，在市场的运行过程中，产权界定和合理配置占有重要地位，为保证经济高效率，产权要具有明确性、专有性、可转让性、可操作性等特征。进一步讲，产权是一个包括财产所有者的各种权利及对限制和破坏这些权利时的处罚的完整体系；产权能使因一种行为而产生的所有报酬和损失都可以直接与有权采取这一行动的人联系，实现经济活动的最佳价值。

产权的特征主要包括以下四个方面：一是可分割性。产权的可分割性、可分离性是产权很重要的特性，不同产权权益可以进行多元的组合，有利于实现产权资源更灵活、合理、有效的配置。产权主体通过互助与合作，能够实现资源的优势最大

---

① 李仂 . 基于产权理论的城市空间资源配置研究 [D]. 哈尔滨：哈尔滨工业大学，2016.

② 黄少安 . 简论产权主体的人格结构与行为 [J]. 山东经济，1994（1）：20-24.

③ 周雪光 . “关系产权”：产权制度的一个社会学解释 [J]. 社会学研究，2005（2）：1-31，243.

④ 张磊 . 规划之外的规则——城乡接合部非正规开发权形成与转移机制案例分析 [J]. 城市规划，2018，42（1）：107-111.

⑤ 张磊，曾雪莹，孙琳 . 城镇化背景下村庄土地发展权的形成机制分析——基于关系产权视角 [J]. 公共管理与政策评论，2021，10（2）：91-101.

化，发挥更大作用，创造更多效益。二是明晰性。明晰性指产权边界清晰，包括物理边界和权责边界。清晰的产权边界有利于建立所有权，激励与经济行为的内在联系，降低产权交易过程中的成本消耗，提高资源的经济和使用效率。三是排他性。排他性是个体在行使对某种资源的权利时，排除了他人使用的权利，即除了“所有者”外没有其他任何人能坚持使用资源的权利[①]。四是可转让性。可转让性指产权所有者有权按照某一给定条件将资源转让给他人。可转让性是产权的重要属性，使资源能够进入市场进行交易，提升资源的配置效率。产权制度是指产权主体在交易中行使财产各项权利过程中形成的一套系统而稳定的行为规则，包括正式规则和非正式规则。正式规则如法律、契约、组织机构的制度和规定，非正式规则包括道德规范、习惯、文化传统等。

根据巴泽尔的产权理论，个人对资产的产权由消费这些资产、从这些资产中取得收入和让渡这些资产的权利构成。产权所有者可以通过交换取得资产收入、让渡资产，这一过程也是权利互相转让的过程。交易成本则是与转让、获取和保护产权有关的成本。当产权被完全界定时，交易双方可以轻易获得各种产品信息，此时交易成本为零。然而，由于商品属性众多，要获得其全面信息是十分困难的，即交易成本在现实情况下通常大于零。在此情况下，很难对商品所有属性的产权界定完整，则交易双方可能仅对商品的部分属性进行转让，导致单一商品产权分割：两个或两个以上个人可以拥有同一商品的不同属性。这种分割也无法将商品的所有属性同等明确地界定清楚，一些没有被明确界定属于哪一方的属性就进入了公共领域成为公共财产，此刻该部分属性对于交易双方而言是没有价值的。

在中国国有土地制度背景下，空间产权分为土地产权和建筑产权两类。随着经济社会情况的变化，未被明确界定的属性可能会产生新的经济价值，但存在被过度利用且供应不足的风险。这时如果重新界定该权利得到的收益大于获得成本，那么人们就会改变决定，将这部分权利从公共领域中分割出来重新进行交换界定。当各种属性的所有权被这样分割以后，就需要专门作出排他性规定，避免这些所有者相互之间发生侵权的行为，如对所有者运用其所有权的方式施加限制，可防止该商品轻易地沦为共同财产。当交换中的价值量发生变动且双方希望对其进行重新分配时，一般遵循原则：

① 哈罗德·德姆塞茨. 关于产权的理论美国经济评论 [J]. 美国经济评论，1967（57）：347-359.

当一方承担更大部分的变化时，该方就成为更大的剩余索取者。老旧小区市场化改造的关键点在于存量空间和存量建筑的再利用。这一过程就是原有模糊产权的重新界定与交换，从而获得未明确界定产权产生的新价值，以此作为企业进入老旧小区改造的动力，为老旧小区改造提供改造资金，畅通良性发展渠道。

（3）社会空间理论

社会空间辩证法是现代西方新马克思主义在运用传统马克思主义、历史唯物主义以及辩证法基本方法论的基础上，将关注点转移到此前受到忽视的具体的城市空间上来，实现了理论研究的空间转向，是社会与空间统一体观点和社会地理学研究的理论基础，是社会空间辩证的对立、统一和矛盾的结合体。列斐伏尔认为，空间范畴具有两重含义，即物理空间与精神空间，既是呈现着物理形态的客观存在，也是生产关系和社会秩序的载体，是人与空间互动关系的承载工具。社会空间的母体是社会关系，“生产的社会关系是一种社会存在，或者说是一种空间存在；它们将自身投射到空间里，在其中打上烙印，与此同时它们本身又生产着空间。”列斐伏尔对空间理解的“社会空间视角”，是社会实践意义上的，与日常生活价值紧密相关，具备真实形式的复杂性。因此，社会空间的概念反对分析与确定含义，只能从侧面进行描述，空间是物质资料生产的场所和对象，是社会生产实践的结果；不仅是社会及其生产关系构建的结果，还是能被感知的实在的生活空间，呈现属人性，同时是蕴含人精神意识的物质存在[①]。社会空间的建构、改造和生产立足于人的社会生产实践，扎根于人的日常生活，呈现着生产关系和交往关系。社会空间是能动主体，是人类生产实践活动的产物，也是建构日常生活的动力，既是手段，也是目的。社会空间聚集大量社会矛盾，具有意识形态色彩，是连续性与断裂性的统一，任何空间都暗含着、包含着和分裂着社会关系。社会空间来源于社会的差异运行，物理空间本身是匀质的，但是社会运行的政治经济结构的差异与不均匀构造了并非匀质的空间——社会空间。差异（或者说要素在空间上不均匀的分布）是城市存在的根本原因，也是城市存在与发展的基础，是城市的本质。社会空间是物质空间与精神空间的融合，城市中居民创造并刻画他们所居住的城市空间，同时，人民自身又逐步与他们的物理环境和周围人群适应，是一个持续的双向交互的过程。既有社会空间理论推衍出现主要三个方面的动力逻辑。

① 孙全胜．列斐伏尔“空间生产”的理论形态研究 [D]. 南京：东南大学，2015.

一是权力对社会空间的塑造。权力是一种起控制或强制作用的支配力量，是一种命令和服从的关系，具有强制性、单向性、自我扩张性和侵犯性等基本特征。在权力主导的社会中，社会秩序在很大程度上取决于权力主体的意志，暴力、行政、法律等强制力和伦理道德等文化因素是社会秩序形成的主要途径。而在权力如何塑造城市空间的方面，权力主体将对空间的支配与控制置于重要地位，使对于空间的控制作为其获得与显示合法性的重要手段。通常，权力通过占据空间的重要位置来实现这一目的，诸如构建超大空间尺度、占据中心位置与地势高处等手段。权力会在本没有社会属性与象征意义的空间中创造体现等级与支配性地位的权力空间，古代平地而起的帝都无不是遵循这一套规则而构建的。同时，权力利用空间对民众的行为进行规训与监控，空间隔离正是实现这一目标的手段，将民众的活动限制在一定的时间、空间范围内，设置禁区或是将民众分区、分单元管理，这种规训行为久而久之，将种种限制变为习惯与集体记忆，最终造就了使民众自觉服从的，即福柯所说的“全景敞视监狱系统”。但是，权力并非无所不能，权力秩序仍须以伦理秩序为基础，而伦理秩序则来源于日常生活，从这个角度讲，日常生活是权力的合法性来源，两者呈现一种共生的状态。权力仍须在不同程度上回应民众的日常生活诉求，法治权力秩序的维护仍须以政府自觉、自愿地接受最低限度的道德价值观念的要求和约束为前提。

二是资本对社会空间的塑造。哈维将20世纪的城市扩张与快速城市化现象视作资本的城市化[①]。列斐伏尔的空间生产理论认为，资本主义的发展已经由生产空间转化为空间生产[②]。城市化的快速推进与城市的膨胀已经能够证明资本主义社会主导具备破坏性质的空间扩张，他会不断摧毁先前的空间结构和空间系统，制造出适合资本增值所需的城市空间，资本主义逻辑是在统一口号下制造出分离性的时空。空间生产让城市成为生产中心，为了资本的增值，空间生产呈现机械复制和标准化生产的特征，标准化生产和资本的自由流动打断了空间隔离，破坏了空间的差异性，制造千城一面的现象。城市空间不再是现实生活的有价值实体，而是社会等级的集中展示；消费占据了日常生活舞台的中心，对于空间的征服和整合，已经成为消费主义赖以维持的主要手段。空间作为一个整体已经成为生产关系再生产的所在地，因

---

① 大卫·哈维.资本的城市化：资本主义城市化的历史与理论研究[M].苏州：苏州大学出版社，2017：261.

② LEFEBVRE H. Key Writings[M]. London：Bloomsbury Publishing，2017.

为空间带有消费主义的特征，所以空间把消费主义关系如个人主义、商品化等展现形式投射到全部的日常生活之中。控制生产的群体也控制着空间的生产，并进而控制着社会关系的再生产。但资本并非塑造空间的唯一要素，权力与资本之间有着十分密切的关系，权力与资本积累呈正比例关系递增或递减，资本的无限积累必须建立在权力的无限积累之上，资本的无限积累进程需要政治结构拥有权力的无限积累进程，以通过持续增长的权力来保护持续增长的财产。增长机器和城市企业主义概念也体现了资本与权力之间的共生与相互促进的关系，政府放弃了以往长期采取的福利主义原则，而把依赖市场机制、促进经济增长、提高城市竞争力和吸引外来投资放在首要的位置，即像经营企业一样来管理城市[①]。在这种导向下，城市往往会经历大规模的重建，实际上是将自在的居民生活空间再生产为具备资产增值性质的空间、大规模生产新区与开发区。当然，权力与资本的关系并非如此一元且简单，正如在中国的一些城市更新项目实践所呈现的是超越了的增长机器模式，国家权力通过利用资本流动与市场工具的手段实现经济以外的发展目标[②]，诸如全面脱贫、共同富裕等。

三是日常生活对社会空间的塑造。除了权力与资本，更加容易被忽视，也是更加重要的塑造城市空间的是城市居民的日常生活。在日常生活中，重复性思维和重复性实践占据主导地位。在典型的日常生活中，人们不必询问“为什么”和“怎么样”的问题，而是凭借着传统、习俗、常识和经验自发地应对。这正是与空间生产产生矛盾与冲突的地方，城市空间均质化和齐一化，令人厌烦的、冰冷的、单调乏味的生活世界，正是因为空间作为商品的定位，为了加速生产、便于交换，以实现资本的快速增值。人们将空间概念按照相同的型号、规格、规模、质量等进行生产，使日常生活空间千篇一律，丧失了生活空间本身具有的多样性与活力，当前空间生产的基本矛盾可以概括为资本积累所带来的空间物化与“去生活化”和人们的日常生活状态与追求的矛盾[③]。面对这样的矛盾与压制，日常生活中的人们并不是坐以待毙的，他们会拒绝归附并通过日常生活实践构成反规训体系，以此颠覆这种控制，这种空间实

① 张京祥，吴缚龙 . 城市发展战略规划：透视激烈竞争环境中的地方政府管治 [J]. 人文地理，2004（3）：1-5.

② WU F，ZHANG F，LIU Y. Beyond Growth Machine Politics：Understanding State Politics and National Political Mandates in China’s Urban Redevelopment[J]. Antipode，2022，54（2）：608-628.

③ 王志刚 . 空间正义：从宏观结构到日常生活——兼论社会主义空间正义的主体性建构 [J]. 探索，2013（5）：182-186.

践通常是指微小的、流动的、非制度化的，对空间进行创造性地利用的行为。近现代，城市空间的西方哲学社会科学的关注出现了转向，改变了以往学界空间研究文献从宏观的制度与结构因素寻求解释，到把空间视为社会结构上的一个整体性的社会事实进行研究的倾向，将视角重新转换到了市民的日常生活，正是发生在普通场所的日常空间行动为人们提供了城市的经历与知识。日常生活的一个重要方面就是为日常交往提供场所的“日常空间”，以“日常生活空间”为取向的城市设计就是要从城市环境与实际生活的互动出发，以普通人的日常生活为核心，客观地分析城市可居住性的状况，存良去莠，结合社会经济的发展，不断为城市开辟新的发展空间，增添新的活力。构建以市民日常休闲为主的多功能、多层次的城市开放空间体系，重视城市的可居住性。

（4）美学治理理论

城市空间是美学的研究对象之一，美学特征与价值一直是城市景观设计的关键要素，也贯穿于城市描画的规划愿景之中。“美学”的内涵并不局限于个人的主观感知，也超越了物理空间的范畴，美的感受与审美活动并不孤立于经济、社会、政治过程。在 Eagleton 看来，“美学”的概念自其诞生之初就与艺术关系不大，而是一种反映了早期欧洲资本主义社会的心理、政治与社会的系统性重构的意识形态。他指出，“美学（Aesthetic）”是一种“不是法律的法律（A Law which is not a Law）”，反映了作为主体的人的内在重构。这种内在重构具有两面性——可能具有解放意义，也可能表现为一种“内化了的压制（Internalised Repression）”①。换言之，美学是一种具有强制力的观念，观念的渗透过程同时也是权力的渗透过程，美学因此成为社会与政治霸权的一种运作机制，促成了人从主体向（被治理）对象的转变。

美学与政治、权力的交织指向“治理术（Governmentality）”研究的新的可能。自福柯在 1978 年提出治理术的概念以来，学界便掀起了一股研究热潮。“治理术（Governmentality）”，亦即“行为治理（Conduct of Conduct）”，回答“权力如何实施、由谁实施、对谁实施”这几个前后贯穿的逻辑问题。在这样的视角下，治理的过程不仅包含了表层上的多主体互动，还揭示了更深层的权力动态。治理的其中一种策略是“正常化（Normalization）”，这种策略可以为治理主体所利用，通过建立认定

---

① EAGLETON T. The Ideology of the Aesthetic[J]. Poetics Today，1988，9（2）：327-338.

行为、思想正确与否的官方标准，将某些主体转化为可治理的对象[①]。换言之，“正常化”策略以及相伴而生的“异常化”策略本质上是在构建作为行为与观念标准的“真理”。但“真理”并不只有一副面孔，“不是法律的法律”的“美学”也可以被视作一种“真理”。正因如此，福柯的“治理术”概念为理解“美学”的意涵提供了重要的理论视角；同时，“美学”也为“治理术”研究打开了一扇富有意义的窗户。美学作为一种文化知识体系，如何在特定的机构环境中构建不同形式的文化，这些文化知识又在行为治理中发挥着什么作用，这些问题构成了在治理术视角下研究美学、在美学范畴内研究治理术的核心。正是在这一意义上，盖格纳（Ghertner）提出的“美学治理术（Aesthetic Governmentality）”反映了治理术的空间性，延伸了“治理术”的概念边界，揭示了空间也可以成为城市治理策略的中介，城市景观的美学特征和价值也可以成为治理的内在标准。

盖格纳（Ghertner）仔细梳理了印度首都新德里城市更新过程中的贫民窟治理手段，并将其划分为两个阶段：①第一阶段（20 世纪 90 年代）。其标志是以数据为基础、以“计算（Calculation）”为导向的治理手段。②第二阶段（21 世纪以来）。其标志是以城市景观的“美学（Aesthetics）”特征为导向的治理手段。治理术的转向一方面是为了应对贫民窟调查中的技术问题、数据谬误所引发的地方反抗行为，从而重新巩固国家的合法性地位；另一方面则与后殖民国家的全球化野心联系在一起，在“世界城市（World City）”想象的笼罩下，一种强调现代、整洁、“没有贫民窟（Slum-Free）”的城市美学成为规划和规范城市空间的标准[②]。治理标准的转变使得贫民窟调查的手段被大大简化，一张捕捉了贫民窟外观的照片就可以替代过去繁琐而沉重的数据收集与整理工作。国家将一种新的身份认同灌输给贫民窟居民，并将拆迁塑造为唯一也是最佳的选项，从而合法化强制拆迁的行为，使原住民服从世界城市的美学形象构建工程。

在盖格纳（Ghertner）提出“美学治理术”概念后，许多学者对这一概念进行了拓展，借助“美学”的视角观察不同国家与地区的城市更新与发展逻辑。新加坡学者 Pow Choon Piew 以天津中新生态城为例，指出一种强调环保、绿色、现代的“绿色美

① 张鹏. 城市里的陌生人：中国流动人口的空间、权力与社会网络的重构 [M]. 南京：江苏人民出版社，2013：1-50.

② GHERTNER D A.Calculating without numbers：aesthetic governmentality in Delhi's slums[J]. Economy and Society，2010，39（2）：185-217.

学（Green Aesthetics）”如何贯穿于中新生态城的规划、建设和运营过程中，折射出国家尺度上的生态文明、可持续发展等政策话语，从而勾勒出中国的“（生态）美学城市体制”的轮廓[①]。Colven（2017）则将美学治理术与投机性城市主义（Speculative Urbanism）关联起来，指出印度尼西亚首都雅加达在治理其水资源危机过程中兴建大型设施的举措，超越了技术范畴，而映照着后殖民国家提升城市形象、追求发展的全球化野心。可见美学治理术是一个富有生命力的概念，在不同的政治、经济、社会环境的土壤中会生长出内涵各异的“美学”标准，但其中共享的“全球化”“现代化”等话语则揭示出美学治理术与宏大的全球社会进程的密切关联。借助美学治理术的视角研究中国的城市更新，一方面有利于理解城市更新的深层逻辑及其所嵌入的政治经济，另一方面也通过与“治理术”的理论对话，丰富了对全球资本与权力动态的认知。

（5）建筑生命周期理论

城市如同生命体，其生命的新陈代谢活动表现为持续不断的更新活动。不同类型的建筑物结构和附属设施、市政管线、地面设施的生命周期存在差异，并不完全吻合。随着建筑、材料、施工技术的发展有所延长（图 1-2），城市更新的技术考量是调整不同组成部分的频率，根据频率等客观规律制定更新计划和更新策略（表 1-3）。

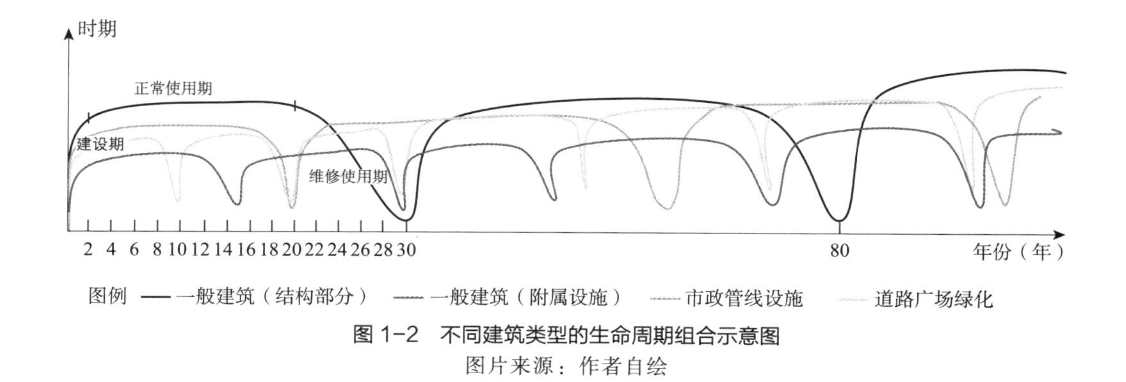

图 1-2 不同建筑类型的生命周期组合示意图

图片来源：作者自绘

① POW C P. Building a Harmonious Society through Greening: Ecological Civilisation and Aesthetic Governmentality in China[J]. Annals of the American Association of Geographers. 2018，108，（3）：864-883.

不同居住建筑类型生命周期统计一览表 表 1-3

建设类型	大致使用寿命（年）	大修周期（年）	中、小修周期（年）
建筑结构部分	钢筋混凝土设计使用寿命 50 年①； 砖混结构设计使用寿命 30 年	—	—
建筑屋顶防水	10	5	2~3
建筑附属（门窗等）设施	25②	10	5
外墙	—	不低于 5 年③	—
电梯	15	5~8	1
建筑设备部分（市政管线）	20	10④或 2	5
室外工程道路铺装场地	15 或 20⑤	10	3~5
绿化草坪⑥	3~5	2~3	1~2
乔灌木⑦	—	根据具体情况补栽	每年修剪

资料来源：具体与使用材料、防护程度等直接相关

（6）城市建设系统性理论

城市增量开发与存量更新的规划、建设、管理逻辑差异较大（图 1-3），城市更新更具有系统性、协调性和特殊性，通则式和案例式管控方式并行适用，具体体现在以下几个方面：一是更新策划环节需要多元利益主体参与，可行性研究甚至超出必要性考量；二是规划审批环节体现在两个维度的巨大差异，一方面是容积率呈现少增少减、不增不减、只减不增等特征，另一方面管控方式不仅是“命令 + 控制”的许可形式，还包括“控制 + 调剂”的筹备案、准入或标准管控等管理形式；三是建设过程具有极大的负外部性，居民正常生活与改造工程建设在同一时空同步进行，类似于带电作业，工程统筹、安全防护的难度远超过增量开发建设阶段；四是运营管理过程涉及产权、经营权、收益权的分割，经济可持续成为这一阶段的关键目标。贯穿始终的是利益的博弈和需求的协调，存在逆向生成逻辑，即需要从运营管理角度反思规划、建设环节。

---

① 《民用建筑设计统一标准》GB 50352—2019 3.2.1 设计使用年限。

② 属于易于替换的结构构件，数据来源：《建筑结构可靠性设计统一标准》GB 50068—2018 3.3.3 建筑结构的设计使用年限。

③ 数据来源：《关于印发〈住宅专项维修资金使用审核标准〉的通知》（京建发〔2010〕272 号）。

④ 数据来源：《北京市城镇住宅楼房大、中修定案标准》（京房地修字〔1999〕930 号）。

⑤ 沥青路面 15 年，水泥混凝土路面 20 年，数据来源：《城市道路工程设计规范》（2016 年版）CJJ 37—2012 3.5.2 路面结构的设计使用年限。

⑥ 分为一年生和多年生草本，一般推荐自播花种。

⑦ 植物种类中速生树种一般 30~40 年，与养护管理水平相关。

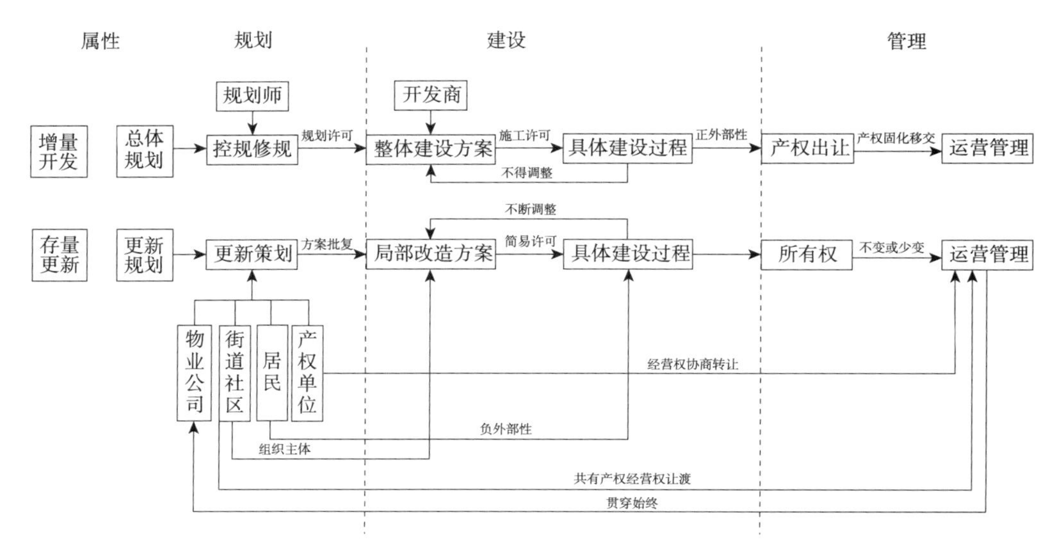

图 1-3 增量开发与存量更新的规划、建设、管理流程示意图

图片来源：作者自绘

2. 分析框架

城市更新涉及一定范围内的经济、社会、空间以及秩序四个维度（图 1-4）。本书针对经济选取了制度经济学和产权理论等两个相关性理论，传统城市增量建设和城市更新均涉及两个方面的逻辑：一是财务逻辑。增量城市建设一般采取静态收益模式，即售卖收入减去开发成本有正的盈利，盈利大小和城市规模、项目属性等有直接关系。也有地产公司或政府平台公司采取只租不售的动态收益模式，以获取长期的现金流。无论哪种模式，都属于增益（尤其资本性收益）的分配，即不同的主体均获益，可能存在获益的多少或分配的公平性问题。城市更新改造过程中，相应的投资如果通过资产升值可以俘获，则可以实现财务平衡。由于主体之间不存在互偿机制，一方的财务失衡，则意味着整个项目的财务失衡①，项目由此停止或停滞。因政府或企业缺乏获取收益的具体路径和制度设计，依靠财政资金不断地投入往往不具有可持续性，使得政府主导的城市更新难度加大，企业同样举步维艰，因此财务可持续往往是城市更新持续进行的关键环节。增量城市建设的地块往往通过主次干道等物理分割实现，边界清晰可视。城市更新单元的设定一般与行政管理单元直接相关，如社区或街道，边界复杂难辨。二是产权逻辑。

① 赵燕菁，宋涛．城市更新的财务平衡分析 [J]. 城市规划，2021，45（5）：53-61.

通过市政基础设施建设、公共服务设施建设、绿化基础设施建设以及房地产出租出售等形式使得整体性地块的不动产产权实现细分，按照《中华人民共和国民法典》(以下称《民法典》) 的规定享有所有权和共有权，即公地细分为多个私地，产权破碎化出现 (图 1-5)。如果某一资源拥有很多所有者，而资源必须整体使用时才最有效率。由于每个人都有权利阻止他人使用，合作难以达成则会导致资源浪费、城市更新受阻。产权破碎化程度决定了城市更新交易成本的大小，破碎化程度低可以采用以市场为基础的协作方式解决，破碎化程度高则存在彻底性排斥，只能采用政府强制性手段解决，无论哪种方式都需要界定公共利益以及实现公共利益的强制性手段。

社会空间理论是城市更新的解释性理论，即空间如何形成和演进，由此可以理解政府、市场、社会在城市空间塑造中的作用机理，并将这些规律有效利用到城市更新

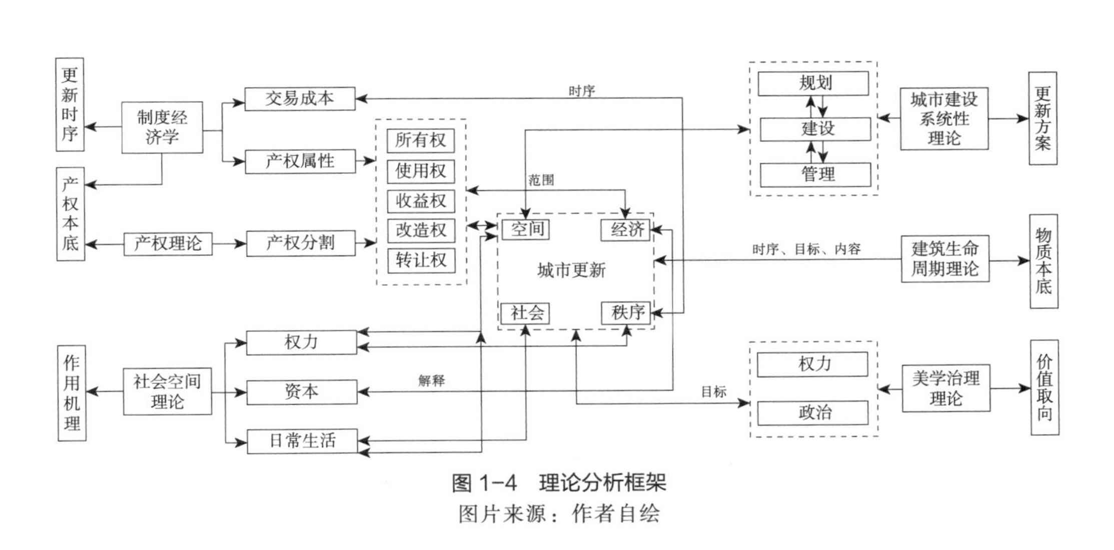

图 1-4 理论分析框架

图片来源：作者自绘

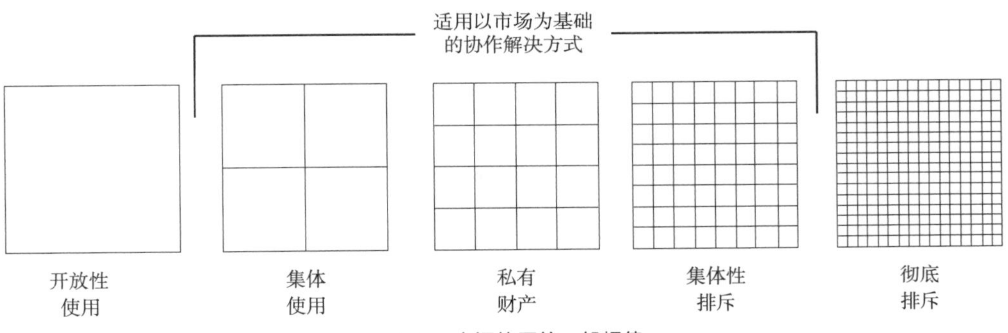

图 1-5 空间使用的一般规律

图片来源：作者自绘

过程中。美学治理理论可以解释城市更新方案形成的一般性价值取向，拆除性重建更新往往是现代美学审美观在起作用，保护性微量更新常是古代美学审美观的现代认同，这也符合城市规划的核心价值。城市更新标准一般会存在基础类、完善类和提升类三类标准，基础类作为底线标准首要关注安全，往往不太考虑美观，完善类和提升类作为舒适标准通常关注美观，试点项目往往会把美观和秩序作为重点，主要基于更新效果的视觉冲击和直观性现场感受。建筑生命周期理论主要基于城市设施物质性老化和功能性衰退，可以解释城市更新的目标设定、具体内容和改造时序。部门协作的根本原因是不同类型的城市居住建筑、公共建筑、基础设施等背后的行政主管部门、运营管理机构多元，产权属性极为复杂，管理特征差异显著。以城市基础设施为例，分为三类：一是城市社会基础设施。其服务于居民社会功能，主要包括商业服务、金融保险、教育科研、文化体育设施等，依靠教育、医疗、文体、商业等公共部门或商业机构运作，遵循不同的运行逻辑和管理制度。二是城市市政基础设施。其也称灰色基础设施，服务于生产生活物质保障功能，包括能源供应系统、给水排水系统、交通运输系统、邮电通信系统、环保环卫处理系统、防卫防灾安全系统，涉及交通、市政、环境等行政主管部门和国有、私有、混合所有等企业经营，并实施特许经营。三是城市绿色基础设施。其由城市中可以发挥调节空气质量、水质、微气候以及管理能量资源等功能的自然及人工系统和元素组成，服务城市生态、居民生活等功能，包括林地、开放空间、草地与公园以及河流廊道等构成的城市绿地系统，是唯一具有生命体征的基础设施，质量与管理水平和管理投入直接相关。城市市政基础设施和绿色基础设施构成城市的生命线系统，与社会基础设施不同的是，市政基础设施和绿色基础设施均具有网络系统，尤其市政基础设施依靠有地下神经之称的地下管网保障运行，与城市更新的关联性最强。城市建设系统理论可以从管理的角度反思规划方案、建筑设计乃至施工建造，即城市更新的可持续性体现在运行管理阶段的高效性、低成本、可收益，有利于空间秩序、社会秩序的建立与完善。

二

城市更新的政策分析

（一）国家整体政策

1. 政策脉络

近年来，我国住宅区改造重点逐渐从棚户区改造转移到老旧小区改造。国务院和各部门出台大量政策（表 2-1）指导老旧小区改造。

国家城市更新主要政策文件　　表 2-1

成文日期	政策名称	重点内容
2022 年 11 月 25 日	《住房和城乡建设部办公厅关于印发城镇老旧小区改造可复制政策机制清单（第六批）的通知》（建办城函〔2022〕392 号）	对北京市老旧小区改造工作改革方案中有关政策机制、具体做法进行了梳理分析，破解城镇老旧小区改造难点堵点问题，探索存量住房更新改造可持续模式
2022 年 9 月 30 日	《住房和城乡建设部办公厅　国家发展改革委办公厅关于进一步明确城市燃气管道等老化更新改造工作要求的通知》（建办城函〔2022〕336 号）	合理确定年度改造计划，尽力而为、量力而行，系统谋划各类管道更新改造工作，确保整体协同。落实燃气等专业经营单位出资责任，加快建立更新改造资金由专业经营单位、政府、用户合理共担机制。精简城市燃气管道等老化更新改造涉及的审批事项和环节，开辟绿色通道，健全快速审批机制。将城市燃气管道等老化更新改造作为实施城市更新行动的重要内容，加强与城镇老旧小区改造、城市道路桥梁改造建设、综合管廊建设等项目的协同精准，补短板、强弱项，着力提高城市发展持续性、宜居性
2022 年 9 月 23 日	《住房和城乡建设部办公厅关于印发城镇老旧小区改造可复制政策机制清单（第五批）的通知》（建办城函〔2022〕328 号）	总结各地在城镇老旧小区改造中优化项目组织实施促开工、着力服务“一老一小”惠民生、多渠道筹措改造资金稳投资、加大排查和监管力度保安全、完善长效管理促发展、加强宣传引导聚民心等方面可复制政策机制

续表

成文日期	政策名称	重点内容
2022 年 6 月 21 日	《住房和城乡建设部办公厅　国家发展改革委办公厅关于印发城市燃气管道老化评估工作指南的通知》（建办城函〔2022〕225 号）	评估结果分为四类：一是符合安全运行要求；二是落实安全管控措施，可继续运行；三是限期改造；四是立即改造。评估结果为“限期改造”的，要明确具体时间，具体时间不大于 3 年，即不晚于 2025 年
2022 年 5 月 10 日	《国务院办公厅关于印发城市燃气管道等老化更新改造实施方案（2022—2025 年）的通知》（国办发〔2022〕22 号）	加快开展城市燃气管道等老化更新改造工作，彻底消除安全隐患。2022 年抓紧启动实施一批老化更新改造项目。2025 年底前，基本完成城市燃气管道等老化更新改造任务。按照聚焦重点、安全第一，摸清底数、系统治理，因地制宜、统筹施策，建管并重、长效管理的原则，在全面摸清城市燃气、供水、排水、供热等管道老化更新改造底数的基础上，马上规划部署，抓紧健全适应更新改造需要的政策体系和工作机制，加快开展城市燃气管道等老化更新改造工作，彻底消除安全隐患。城市燃气老化管道和设施更新改造所选用材料、规格、技术等应符合相关规范标准要求，注重立足当前兼顾长远。城市供水、排水、供热等其他管道和设施老化更新改造标准，参照以上原则确定
2022 年 3 月 23 日	《住房和城乡建设部关于印发全国城镇老旧小区改造统计调查制度的通知》（建城函〔2022〕22 号）	实施全国城镇老旧小区改造统计调查制度。调查对象为各级城镇老旧小区改造工作主管部门，统计范围是经各省级人民政府确认，并上报住房和城乡建设部、国家发展改革委、财政部等三部门的城镇老旧小区改造计划项目。包括城镇老旧小区改造年度计划、改造进展情况、改造效果情况和改造项目基本情况等方面的内容
2021 年 12 月 17 日	《住房和城乡建设部办公厅关于印发完整居住社区建设指南的通知》（建办科〔2021〕55 号）	完整居住社区是指在居民步行范围内有完善的基本公共服务设施、健全的便民商业服务设施、完备的市政配套基础设施、充足的公共活动空间、全覆盖的物业管理和健全的社会管理机制，且居民归属感、认同感较强的居住社区
2021 年 12 月 14 日	《住房和城乡建设部办公厅　国家发展改革委办公厅　财政部办公厅关于进一步明确城镇老旧小区改造工作要求的通知》（建办城〔2021〕50 号）	针对改造重“面子”轻“里子”、政府干群众看、改造资金主要靠中央补助、施工组织粗放、改造实施单元偏小、社会力量进入困难、可持续机制建立难等问题，要求把牢底线要求，坚决把民生工程做成群众满意工程；聚焦难题攻坚，发挥城镇老旧小区改造发展工程作用；完善督促指导工作机制，提出城镇老旧小区改造工作衡量标准
2021 年 11 月 17 日	《住房和城乡建设部办公厅关于印发城镇老旧小区改造可复制政策机制清单（第四批）的通知》（建办城函〔2021〕472 号）	针对部分地方城镇老旧小区改造计划不科学不合理、统筹协调不够、发动居民共建不到位、施工组织粗放、建立长效管理机制难、多渠道筹措资金难等问题，有针对性地总结各地解决问题的可复制政策机制和典型经验做法，形成《城镇老旧小区改造可复制政策机制清单（第四批）》
2021 年 11 月 4 日	《住房和城乡建设部办公厅关于开展第一批城市更新试点工作的通知》（建办科函〔2021〕443 号）	试点城市：北京市、唐山市、呼和浩特市、沈阳市、南京市、苏州市、宁波市、滁州市、铜陵市、厦门市、南昌市、景德镇市、烟台市、潍坊市、黄石市、长沙市、重庆市渝中区、重庆市九龙坡区、成都市、西安市、银川市（21 个） 试点时间：2021 年 11 月开始，为期 2 年 试点内容：①探索城市更新统筹谋划机制；②探索城市更新可持续模式；③探索建立城市更新配套制度政策

续表

成文日期	政策名称	重点内容
2021 年 8 月 30 日	《住房和城乡建设部关于在实施城市更新行动中防止大拆大建问题的通知》（建科〔2021〕63 号）	严格控制大规模拆除。除违法建筑和被鉴定为危房的以外，不大规模、成片集中拆除现状建筑，原则上老城区更新单元（片区）或项目内拆除建筑面积不应大于现状总建筑面积的 20%。严格控制大规模增建。除增建必要的公共服务设施外，不大规模新增老城区建设规模，不突破原有密度强度，不增加资源环境承载压力，原则上更新单元（片区）或项目内拆建比不宜大于 2。严格控制大规模搬迁。不大规模、强制性搬迁居民，不改变社会结构，不割断人、地和文化的关系。要尊重居民安置意愿，鼓励以就地、就近安置为主，改善居住条件，保持邻里关系和社会结构，城市更新单元（片区）或项目居民就地、就近安置率不宜低于 50%
2021 年 5 月 11 日	《住房和城乡建设部办公厅关于印发城镇老旧小区改造可复制政策机制清单（第三批）的通知》（建办城函〔2021〕203 号）	总结各地在城镇老旧小区改造中深入开展美好环境与幸福生活共同缔造活动，动员居民参与、改造项目生成、金融支持、市场力量参与、存量资源整合利用、落实各方主体责任、加大政府支持力度等方面可复制政策机制，形成《城镇老旧小区改造可复制政策机制清单（第三批）》
2021 年 1 月 29 日	《住房和城乡建设部办公厅关于印发城镇老旧小区改造可复制政策机制清单（第二批）的通知》（建办城函〔2021〕48 号）	引导有条件的既有住宅加装电梯，是城镇老旧小区改造的重要内容。从前期准备、工程审批、建设安装、运营维护等方面总结部分地区既有住宅加装电梯可复制的政策机制，形成《城镇老旧小区改造可复制政策机制清单（第二批）》
2020 年 12 月 15 日	《住房和城乡建设部办公厅关于印发城镇老旧小区改造可复制政策机制清单（第一批）的通知》（建办城函〔2020〕649 号）	围绕城镇老旧小区改造工作统筹协调、改造项目生成、改造资金政府与居民合理共担、社会力量以市场化方式参与、金融机构以可持续方式支持、动员群众共建、改造项目推进、存量资源整合利用、小区长效管理等“九个机制”深化探索，形成了一批可复制可推广的政策机制。总结地方加快城镇老旧小区改造项目审批、存量资源整合利用和改造资金政府与居民、社会力量合理共担等 3 个方面的探索实践，形成《城镇老旧小区改造可复制政策机制清单（第一批）》
2020 年 11 月 24 日	《住房和城乡建设部　发展改革委　民政部　卫生健康委　医保局　全国老龄办关于推动物业服务企业发展居家社区养老服务的意见》（建房〔2020〕92 号）	盘活小区既有公共房屋和设施。清理整合居住小区内各类闲置和低效使用的公共房屋和设施，经业主共同决策同意，可交由物业服务企业统一改造用于居家社区养老服务；政府所有的闲置房屋和设施，由房屋管理部门按规定履行程序后，可交由物业服务企业用于居家社区养老服务。养老服务营收实行单独核算。物业服务企业开展居家社区养老服务，应当内设居家社区养老服务部门，专门提供助餐、助浴、助洁、助急、助行、助医、照料看护等定制养老服务，并按国家有关规定，建立健全财务会计制度，对社区养老服务的营业收支实行单独核算
2020 年 8 月 18 日	《住房和城乡建设部等部门关于开展城市居住社区建设补短板行动的意见》（建科规〔2020〕7 号）	以居民步行 5~10 分钟到达幼儿园、老年服务站等社区基本公共服务设施为原则，明确居住社区建设补短板行动的实施单元。落实完整居住社区建设标准。细化完善居住社区基本公共服务设施、便民商业服务设施、市政配套基础设施和公共活动空间建设内容和形式，作为开展居住社区建设补短板行动的主要依据。结合城镇老旧小区改造等城市更新改造工作，通过补建、购置、置换、租赁、改造等方式，因地制宜补齐既有居住社区建设短板。充分利用居住社区内空地、荒地及拆除违法建设腾空土地等配建设施，增加公共活动空间。统筹利用公有住房、社区居民委员会办公用房和社区综合服务设施、闲置锅炉房等存量房屋资源，增设基本公共服务设施和便民商业服务设施

续表

成文日期	政策名称	重点内容
2020年7月10日	《国务院办公厅关于全面推进城镇老旧小区改造工作的指导意见》（国办发〔2020〕23号）	城镇老旧小区改造是重大民生工程和发展工程。城镇老旧小区是指城市或县城（城关镇）建成年代较早、失养失修失管、市政配套设施不完善、社区服务设施不健全、居民改造意愿强烈的住宅小区（含单栋住宅楼）。各地要结合实际，合理界定本地区改造对象范围，重点改造2000年底前建成的老旧小区。建立健全政府统筹、条块协作、各部门齐抓共管的专门工作机制。 建立改造资金政府与居民、社会力量合理共担机制。按照谁受益、谁出资原则，积极推动居民出资参与改造，可通过直接出资、使用（补建、续筹）住宅专项维修资金、让渡小区公共收益等方式落实。 支持城镇老旧小区改造规模化实施运营主体采取市场化方式，运用公司信用类债券、项目收益票据等进行债券融资。国家开发银行、农业发展银行结合各自职能定位和业务范围，按照市场化、法治化原则，依法合规加大对城镇老旧小区改造的信贷支持力度。商业银行加大产品和服务创新力度，在风险可控、商业可持续前提下，依法合规对实施城镇老旧小区改造的企业和项目提供信贷支持。 支持规范各类企业以政府和社会资本合作模式参与改造。 在城镇老旧小区改造中，为社区提供养老、托育、家政等服务的机构，提供养老、托育、家政服务取得的收入免征增值税，并减按90%计入所得税应纳税所得额；用于提供社区养老、托育、家政服务的房产、土地，可按现行规定免征契税、房产税、城镇土地使用税和城市基础设施配套费、不动产登记费等
2019年6月28日	《财政部　税务总局　发展改革委　民政部　商务部　卫生健康委关于养老、托育、家政等社区家庭服务业税费优惠政策的公告》（财政部公告2019年第76号）	为社区提供养老、托育、家政等服务的机构自有或其通过承租、无偿使用等方式取得并用于提供社区养老、托育、家政服务的房产、土地，免征房产税、城镇土地使用税。提供社区养老、托育、家政服务取得的收入，免征增值税，在计算应纳税所得额时，减按90%计入收入总额。承受房屋、土地用于提供社区养老、托育、家政服务的，免征契税。用于提供社区养老、托育、家政服务的房产、土地，免征不动产登记费、耕地开垦费、土地复垦费、土地闲置费；用于提供社区养老、托育、家政服务的建设项目，免征城市基础设施配套费；确因地质条件等原因无法修建防空地下室的，免征防空地下室易地建设费
2019年4月15日	《住房和城乡建设部办公厅　国家发展改革委办公厅　财政部办公厅关于做好2019年老旧小区改造工作的通知》（建办城函〔2019〕243号）	明确老旧小区认定标准，做好调查摸底，明确老旧小区改造内容，合理确定老旧小区改造标准。积极探索通过政府采购、新增设施有偿使用等方式，引入专业机构、社会资本参与老旧小区改造
2019年3月13日	《国务院办公厅关于全面开展工程建设项目审批制度改革的实施意见》（国办发〔2019〕11号）	2019年上半年，全国工程建设项目审批时间压缩至120个工作日以内，省（自治区）和地级及以上城市初步建成工程建设项目审批制度框架和信息数据平台；到2019年底，工程建设项目审批管理系统与相关系统平台互联互通；试点地区继续深化改革，加大改革创新力度，进一步精简审批环节和事项，减少审批阶段，压减审批时间，加强辅导服务，提高审批效能。到2020年底，基本建成全国统一的工程建设项目审批和管理体系

续表

成文日期	政策名称	重点内容
2018 年 5 月 14 日	《国务院办公厅关于开展工程建设项目审批制度改革试点的通知》(国办发〔2018〕33 号)	改革覆盖工程建设项目审批全过程(包括从立项到竣工验收和公共设施接入服务);主要是房屋建筑和城市基础设施等工程,不包括特殊工程和交通、水利、能源等领域的重大工程;覆盖行政许可等审批事项和技术审查、中介服务、市政公用服务以及备案等其他类型事项,推动流程优化和标准化。将工程建设项目审批流程主要划分为立项用地规划许可、工程建设许可、施工许可、竣工验收等四个阶段。每个审批阶段确定一家牵头部门,实行"一家牵头、并联审批、限时办结",由牵头部门组织协调相关部门严格按照限定时间完成审批
2016 年 11 月 11 日	《国土资源部关于印发〈关于深入推进城镇低效用地再开发的指导意见(试行)〉的通知》(国土资发〔2016〕147 号)	城镇低效用地,是指经第二次全国土地调查已确定为建设用地中的布局散乱、利用粗放、用途不合理、建筑危旧的城镇存量建设用地,权属清晰、不存在争议。国家产业政策规定的禁止类、淘汰类产业用地;不符合安全生产和环保要求的用地;"退二进三"产业用地;布局散乱、设施落后,规划确定改造的老城区、城中村、棚户区、老工业区等,可列入改造开发范围

资料来源:作者根据各文件整理

(1)棚户区为重点改造时期(21 世纪初—2020 年前)

进入 21 世纪以来,我国住宅区改造重点主要在棚户区改造。2007 年,党的十七大报告特别提出要"加快解决城市低收入家庭住房困难";2007 年,《国务院关于解决城市低收入家庭住房困难的若干意见》(国发〔2007〕24 号),提出"加大棚户区、旧住宅区改造力度"。2013 年,《国务院关于加快棚户区改造工作的意见》(国发〔2013〕25 号)中进一步强调棚户区改造的重要地位,并要求"重点推进资源枯竭型城市及独立工矿棚户区、三线企业集中地区的棚户区改造,稳步实施城中村改造"。2015 年,《国务院关于进一步做好城镇棚户区和城乡危房改造及配套基础设施建设有关工作的意见》(国发〔2015〕37 号),要求实施"三年计划"(2015—2017 年),改造包括城市危房、城中村在内的各类棚户区住房 1800 万套。2017 年,国务院常务会议决定实施棚改攻坚计划(2018—2020 年),再改造各类棚户区 1500 万套,到 2020 年,棚户区改造逐渐进入尾声。

(2)老旧小区为重点改造时期(2015 年至今)

2015 年,中央城市工作会议召开,提出尊重城市发展规律,提倡生态修补,加快老旧住宅改造工作,以提高城市发展的宜居性。2016 年,《国土资源部关于印发〈关于深入推进城镇低效用地再开发的指导意见(试行)〉的通知》(国土资发〔2016〕147

号），将老城区、城中村等纳入城镇低效用地范畴实施再开发。2017 年，为专门针对老旧小区相关工作进程逐步展开，住房和城乡建设部提出统筹利用多方资金加快老旧住宅改造，开展老旧小区综合整治工作，并在同年确定广州、韶关、柳州、秦皇岛、张家口、许昌、厦门、宜昌、长沙、淄博、呼和浩特、沈阳、鞍山、攀枝花和宁波 15 个城市开展老旧小区改造试点，侧重体制机制的探索：一是探索政府统筹组织、社区具体实施、居民全程参与的工作机制。二是探索居民、市场、政府多方共同筹措资金机制。按照“谁受益、谁出资”原则，采取居民、原产权单位出资，政府补助的方式实施老旧小区改造。三是探索因地制宜的项目建设管理机制。强化统筹，完善老旧小区改造有关标准规范，建立社区工程师、社区规划师等制度，发挥专业人员作用。四是探索健全一次改造、长期保持的管理机制。加强基层党组织建设，指导业主委员会或业主自治管理组织，实现老旧小区长效管理[①]。2018 年，《国务院办公厅关于开展工程建设项目审批制度改革试点的通知》（国办发〔2018〕33 号），对于老旧小区更新改造审批程序简化起到了推进作用。截至 2018 年底，试点城市已改造老旧小区 106 个，涉及 5.9 万户居民。

2019年，老旧小区改造的重要性在国家层面进一步得到强调，国务院常务会议、中央政治局会议、中央经济工作会议均强调了“城镇老旧小区改造”的重要性，部署推进城镇老旧小区改造，顺应群众期盼，改善居住条件。2019 年 3 月，《政府工作报告》中提到“大力改造提升城镇老旧小区”。同年 6 月，国务院常务会议全面部署了城镇老旧小区改造工作，定性“加快改造城镇老旧小区，群众愿望强烈，是重大民生工程和发展工程”。同年 8 月，中央政治局会议将实施城镇老旧小区改造写入议程，意味着这项工作迎来了顶层政策的支持。随后住房和城乡建设部会同发展和改革委员会（下称发改委）、财政部、人民银行、中国银行保险监督管理委员会等部门制定深化试点方案，组织山东、浙江两个省和上海、青岛、宁波、合肥、福州、长沙、苏州、宜昌 8 个城市开展深化试点工作，重点探索工作统筹协调、改造项目生成、改造资金共担、金融机构支持、社会力量参与、动员群众共建、改造项目推进、存量资源利用、小区长效管理九大体制机制。同年 12 月，中央经济工作会议再部署，全国老旧小区改造正式开展试点工作。《住房和城乡建设部办公厅　国家发展改革委办公厅　财政部办公厅关于做好 2019 年老旧小区改造工作的通知》（建办城函〔2019〕243 号），将老旧小区改造工作纳入城

---

① 新华网，2017 年 12 月 2 日，中国将在 15 个城市开展老旧小区改造试点。

镇保障安居工程，并明确了相关的细则和要点，投入大量资金给予支持。2019年3月，《国务院办公厅关于全面开展工程建设项目审批制度改革的实施意见》(国办发〔2019〕11号)，在全国范围内全面开展工程建设项目审批制度改革，以实现工程建设项目审批"四统一"，对地方政府简化城市更新项目审批起到了示范和引领作用。

2020年，老旧小区引入市场机制参与改造模式进一步得到规范化，同时对于改造数量提出了量化指标。2020年7月，《国务院办公厅关于全面推进城镇老旧小区改造工作的指导意见》(国办发〔2020〕23号)，提出要利用市场化机制吸引各类专业机构等社会力量投资参与各类需要改造设施的设计、改造、运营，同时明确2020年新开工改造城镇老旧小区3.9万个，到2022年基本形成城镇老旧小区改造制度框架、政策体系和工作机制，到"十四五"期末，力争基本完成2000年底前建成的需要改造的城镇老旧小区改造任务。本年度住房和城乡建设部发布第一批可复制政策机制经验清单。

2021年，《中华人民共和国国民经济和社会发展第十四个五年规划和2035年远景目标纲要》提出全面提升城市品质的任务，要求加快转变城市发展方式，统筹城市规划建设管理，实施城市更新行动，推动城市空间结构优化和品质提升，将"实施城市更新行动"首次写入我国五年规划，城市更新升级为国家战略。提出"加快推进城市更新，改造提升老旧小区、老旧厂区、老旧街区和城中村等存量片区功能"，再次强调城市更新需要完成2000年底前建成的21.9万个城镇老旧小区改造。同年，《政府工作报告》提出新阶段的工作任务，计划在2021年预期新开工改造城镇老旧小区5.3万个。同年8月，《住房和城乡建设部关于在实施城市更新行动中防止大拆大建问题的通知》(建科〔2021〕63号)，提出实施城市更新行动要顺应城市发展规律，尊重人民群众意愿，以内涵集约、绿色低碳发展为路径，转变城市开发建设方式，坚持"留改拆"并举、以保留利用提升为主，加强修缮改造，补齐城市短板，注重提升功能，增强城市活力。从四大底线指标实施管控，即城市更新单元（片区）或项目内拆建比≤2、拆旧比≤20%、就近安置率≥50%、住房租金年涨幅≤5%。要求遵循保留利用既有建筑、保持老城格局尺度、延续城市特色风貌等三项应留尽留原则，提出量力而行、稳妥推进的实施要求。同年11月，《住房和城乡建设部办公厅关于开展第一批城市更新试点工作的通知》(建办科函〔2021〕443号)，针对我国城市发展进入城市更新重要时期所面临的突出问题和短板，严格落实城市更新底线要求，转变城市开发建设方式，结合各地实际，因地制宜探索城市更新的工作机制、实施模式、支持政策、技术方法和管理制度，推动城市结构优化、功能完善和品质提升，形成可复制、可推广的经验做法，引导各地互学互鉴，科学有序实施城市更新行动，并在 21 个城市范围内进行第一批试点。本年度住房和城乡建设部发布三批可复制政策机制经验清单。同年 12 月，《住房和城乡建设部办公厅关于印发完整居住社区建设指南的通知》（建办科〔2021〕55 号），提出建设安全健康、设施完善、管理有序的完整居住社区概念，为老旧小区改造公共服务设施规范化提供了方向性指引。2021 年 1—9 月，全国新开工改造城镇老旧小区 5.12 万个，在创新、协调、绿色、开放、共享的新发展理念和以人民为中心的发展思想指导下，在人民基础性生活环境得到一定保障、人民对美好生活期望进一步提高的基础上，老旧小区综合改造整治成为国家发展新阶段中下一个城市更新重点。

2022 年，《国务院办公厅关于印发城市燃气管道等老化更新改造实施方案（2022—2025 年）的通知》（国办发〔2022〕22 号），要求 2025 年底前，基本完成城市燃气管道等老化更新改造任务。住房和城乡建设部针对城市更新改造过程中较为突出的燃气管道等问题发布多项配套政策文件，涉及资金来源、审批机制等，要求与城市更新等项目协同精准。本年度住房和城乡建设部发布两批可复制政策机制清单，针对城镇老旧小区改造统计调查制度，涉及改造年度计划、改造进展情况、改造效果情况和改造项目情况等内容。

2. 政策创新

城市更新不同于传统扩张型城市规划，更新改造差异较大，现行政策体现了国家和地方的不断探索。试点过程中，住房和城乡建设部先后发布四批城镇老旧小区改造可复制政策机制清单，对地方经验进行总结和推介（表 2-2）：一是加快改造项目审批。加快改造项目审批主要体现在联合审查改造方案、简化立项用地规划许可审批、精简工程建设许可和施工许可、实行联合竣工验收等方面。二是存量资源整合利用。对各种存量空间和存量建筑制定支持整合利用政策、加强规划设计引导，补齐老旧小区功能短板，实现环境整体提升。三是改造资金政府与居民、社会力量合理共担。摒弃了政府包揽一切和前期单一项目的做法，明确政府责任，完善资金分摊规则、落实居民出资责任、加大政府支持力度、吸引市场力量参与、推动专业经营单位参与、加大金融支持、落实税费减免政策。国家开发银行（简称国开行）、中国建设银行（简称建行）、中国农业发展银行（简称农发行）等银行出台政策性支持贷款政策，全社会各司其职，共同参与城市更新的政策框架初步建立。

城镇老旧小区改造管理程序创新政策经验 表 2-2

政策机制	主要举措	具体做法
加快改造项目审批	（1）联合审查改造方案	①住房和城乡建设部门或者县（市、区）政府确定的牵头部门，组织发展改革、财政、自然资源和规划、人民防空、行政审批服务、城市管理等部门，街道办事处（乡镇政府）、居民委员会、居民代表，以及电力、供水、燃气、通信、广播电视等专业经营单位对改造方案进行联合审查。②对项目可行性、市政设施和建筑效果、消防、建筑节能、日照间距、建筑间距、建筑密度、容积率等技术指标一次性提出审查意见。③审批部门根据审查通过的改造方案和联合审查意见，一次性告知所需办理的审批事项和申请材料，直接办理立项、用地、规划、施工许可等，无需再进行技术审查。④联合审查意见中，还可以明确优化简化审批程序、材料的具体要求，作为改造项目审批及事中事后监管的依据
	（2）简化立项用地规划许可审批	①对纳入年度计划的城镇老旧小区改造项目，可依据联合审查通过的改造方案，将项目建议书、可行性研究报告、初步设计及概算合并进行审批。②不涉及土地权属变化，或不涉及规划条件调整的项目，无需办理用地规划许可
	（3）精简工程建设许可和施工许可	①不增加建筑面积（含加装电梯等）、不改变建筑结构的城镇老旧小区改造项目，无需办理建设工程规划许可证。不涉及权属登记、变更，无高空作业、重物吊装、基坑深挖等高风险施工，建筑面积在300平方米以内的新建项目可不办理施工许可证。②涉及新增建设项目、改建和扩建等增加建筑面积、改变建筑功能和结构的项目，合并办理建设工程规划许可和施工许可。③建筑主体和承重结构不发生重大改变的城镇老旧小区改造项目，免予施工图审查，全部施工图上传至施工图联审系统，即可作为办理建筑工程施工许可证所需的施工图纸。④施工许可和工程质量安全监督手续合并办理，不再出具《工程质量监督登记证书》《建筑工程施工安全报监书》。⑤老旧小区改造项目（含加装电梯等）无需办理环境影响评价手续
	（4）实行联合竣工验收	①由城镇老旧小区改造项目实施主体组织参建单位、相关部门、居民代表等开展联合竣工验收。②无需办理建设工程规划许可证的改造项目，无需办理竣工规划核实。③简化竣工验收备案材料，建设单位只需提交竣工验收报告、施工单位签署的工程质量保修书、联合验收意见即可办理竣工验收备案，消防验收备案文件通过信息系统共享。城建档案管理机构可按改造项目实际形成的文件归档
存量资源整合利用	（1）制定支持整合利用政策	①整合利用公有住房、社区办公用房、小区综合服务设施、闲置锅炉房、闲置自行车棚等存量房屋资源，用于改建公共服务设施和便民商业服务设施。鼓励机关事业单位、国有企业将老旧小区内或附近的闲置房屋，通过置换、划转、移交使用权等方式交由街道（城关镇）、社区统筹。②整合利用小区内空地、荒地、拆除违法建设腾空土地及小区周边存量土地，用于建设各类配套设施和公共服务设施，增加公共活动空间。结合实际情况，灵活划定用地边界、简化控制性详细规划调整程序，在保障公共利益和安全的前提下，适度放松用地性质、建筑高度和建筑容量等管控，有条件突破日照、间距、退让等技术规范要求、放宽控制指标。城镇老旧小区改造项目中的“边角地”“夹心地”“插花地”以及非居住低效用地，采用划拨或出让方式取得，改造方案经市政府批准后，依据方案完善相关土地手续：符合划拨条件的，按划拨方式供地；涉及经营性用途的，按协议方式补办出让。对在小区及周边新建、改扩建公共服务和社会服务设施的，在不违反国家有关强制性规范标准的前提下，放宽建筑密度、容积率等技术指标。③对企事业单位闲置低效划拨用地，按程序调增容积率、改变土地用途后建设公共配套设施。对面积小于3亩、无法单体规划、需整合建设片区配套经营性设施的零星地块，可以协议方式出让。④允许将老旧小区存量资产依法授权给项目实施主体开展经营性活动，提供多种多样的社区便民服务，引导扶持项目实施主体发展成为老旧小区运营、管理主体

续表

政策机制	主要举措	具体做法
存量资源整合利用	（2）加强规划设计引导	①对改造区域内空间资源进行统筹规划，按照提升功能、留白增绿原则，优先配建养老和社区活动中心等公共服务设施；对无法独立建设公共服务设施的，可根据实际情况利用疏解整治腾退空间就近建设区域性公共服务中心，辐射周边多个老旧小区。②实施集中连片改造。原则上在单个社区范围内，将地理位置相邻、历史文化底蕴相近、产业发展相关的老旧小区合理划定改造片区单元，科学编制片区修建性详细规划。按照“一区一方案”要求，重点完善“水、电、路、气、网、梯、安、治”等基本功能，量力而行建设“菜、食、住、行、购”“教、科、文、卫、体”“老、幼、站、厕、园”等公共配套服务设施。对涉及调整控制性详细规划的，按程序审批后纳入规划成果更新
改造资金政府与居民、社会力量合理共担	（1）完善资金分摊规则	①小区范围内公共部分的改造费用由政府、管线单位、原产权单位、居民等共同出资；建筑物本体的改造费用以居民出资为主，财政分类以奖代补 10% 或 20%；养老、托育、助餐等社区服务设施改造，鼓励社会资本参与，财政对符合条件的项目按工程建设费用的 20% 实施以奖代补。②结合改造项目具体特点和内容，合理确定资金分担机制。基础类改造项目，水电气管网改造费用中户表前主管网改造费用及更换或铺设管道费用、弱电管线治理费用由专业经营单位承担，其余内容由政府和居民合理共担。完善类改造项目，属地政府给予适当支持，相关部门配套资金用于相应配套设施建设，无配套资金的可多渠道筹集。提升类改造项目，重点在资源统筹使用等方面给予政策支持
	（2）落实居民出资责任	①对居民直接受益或与居民紧密相关的改造内容，动员居民通过以下几种方式出资：一是业主根据专有部分建筑面积等因素协商，按一定分摊比例共同出资；二是提取个人住房公积金和经相关业主表决同意后申请使用住宅专项维修资金；三是小区共有部位及共有设施设备征收补偿、小区共用土地使用权作资、经营收益等，依法经业主表决同意作为改造资金。②根据改造内容产权和使用功能的专属程度制定居民出资标准，如楼道、外墙、防盗窗等改造内容，鼓励居民合理承担改造费用。小区共有部位及设施补偿赔偿资金、公共收益、捐资捐物等，均可作为居民出资。③居民可提取住房公积金，用于城镇老旧小区改造项目和既有住宅加装电梯项目。一是市政府批复的城镇老旧小区改造项目范围内的房屋所有权人及其配偶，在项目竣工验收后，可提取一次，金额不超过个人实际出资额（扣除政府奖补资金）。二是实施既有住宅加装电梯项目的房屋所有权人及其直系亲属，在项目竣工验收后，可就电梯建设费用（不含电梯运行维护费用）提取 1 次，金额不超过个人实际出资额（扣除政府奖补资金）。同一加装电梯项目中的其他职工再次提取的，可以不再提供既有住宅加装电梯协议书原件、项目验收报告原件等同一项目中的共性材料
	（3）加大政府支持力度	①省级财政安排资金支持城镇老旧小区改造，市、县财政分别安排本级资金。采取投资补助、项目资本金注入、贷款贴息等方式，统筹使用财政资金，发挥引导作用。②通过一般公共预算、政府型资金、政府债券等渠道落实改造资金。地方政府一般债券和专项债券重点向城镇老旧小区改造倾斜。③所有住宅用地、商服用地的土地出让收入，先提取 1.5% 作为老旧小区改造专项资金，剩余部分再按规定进行分成。提取国有住房出售收入存量资金用于城镇老旧小区改造。④养老、医疗、便民市场等公共服务设施建设专项资金，优先用于城镇老旧小区改造建设。涉及古城等历史文化保护的改造项目，可从专项保护基金中列支
	（4）吸引市场力量参与	①推广政府和社会资本合作（PPP）模式，通过特许经营权、合理定价、财政补贴等事先公开的收益约定规则，引导社会资本参与改造。②创新老旧小区及小区外相关区域“4+N”改造方式。一是大片区统筹平衡模式。把一个或多个老旧小区与相邻的旧城区、棚户区、旧厂区、城中村、危旧房改造和既有建筑功能转换等项目统筹搭配，实现自我平衡。二是跨片区组合平衡模式。将拟改造的老旧小区与其不相邻的城市建设或改造项目组合，以项目收益弥补老旧小区改造支出，实现资金平衡。三是小区内自求平衡模式。在有条件的老旧小区内新建、改扩建用于公共服务的经营性设施，以未来产生的收益平衡老旧小区改造支出。四是政府引导的多元化投入改造模式。对于市、县（市、区）有能力保障的老旧小区改造项目，可由政府引导，通过居民出资、政府补助、各类涉及小区资金整合、专营单位和原产权单位出资等渠道，统筹政策资源，筹集改造资金

续表

政策机制	主要举措	具体做法
改造资金政府与居民、社会力量合理共担	（5）推动专业经营单位参与	①明确电力、通信、供水、排水、供气等专业经营单位出资责任。对老旧小区改造范围内电力、通信、有线电视的管沟、站房及箱柜设施，土建部分建设费用由地方财政承担。供水、燃气改造费用，由相关企业承担；通信、广电网络缆线的迁改、规整费用，相关企业承担65%，地方财政承担35%。供电线路及设备改造，产权归属供电企业的由供电企业承担改造费用；产权归属单位的，由产权单位承担改造费用；产权归属小区居民业主共有的，供电线路、设备及“一户一表”改造费用，政府、供电企业各承担50%。非供电企业产权的供电线路及设备改造完成后，由供电企业负责日常维护和管理，其中供电企业投资部分纳入供电企业有效资产。②将水、气、强电、弱电等项目统一规划设计、统一公示公告、统一施工作业。建设单位负责开挖、土方回填，各专业经营单位自备改造材料，自行安装铺设
	（6）加大金融支持	①扶持有条件的国有企业、鼓励引入市场力量作为规模化实施运营主体参与改造，政府注入优质资产，支持探索三种融资模式：一是项目融资模式。主要用于小区自身资源较好，项目自身预期收益可以覆盖投入的老旧小区改造项目。还款来源为项目自身产生的收益。二是政府和社会资本合作（PPP）模式。主要用于项目自身预期收益不能覆盖投入的改造项目。项目自身产生的现金流作为使用者付费，不足部分通过政府付费或可行性缺口补助方式，实现项目现金流整体平衡。三是公司融资模式。主要用于项目自身预期收益不能覆盖投入，但又无法采用PPP的改造项目。还款来源主要为借款人公司自由现金流。②各有关部门在立项、土地、规划、产权手续办理等方面给予支持。③创新金融服务模式，金融机构根据改造项目特点量身制定融资方案，明确可以未来运营收益作为还款来源，优化改造后带动消费领域的金融服务。④组织申报城镇老旧小区改造省级统贷项目，联合金融机构给予开发性金融支持。为省级统贷项目实施主体提供一揽子金融服务，项目贷款在政策允许范围内给予最优贷款利率、最长贷款期限支持
	（7）落实税费减免政策	对旧住宅区整治一律免收城市基础设施配套费等各种行政事业性收费和政府性基金

资料来源：《城镇老旧小区改造可复制政策机制清单（第一批）》

（二）北京政策分析

1. 政策脉络

从2012年伊始，针对老旧小区改造，北京市各级政府和部门出台相关政策（表2-3）。2013—2017年，老旧小区改造政策主要以区为单位发布综合实施整治方案（表2-4），由区县政府或区县住房和城乡建设委员会（简称住建委）负责。北京市老旧小区改造政策文件出台主要集中在2018—2021年，各区县政府对老旧小区改造政策和目标进行深化，相应发布了老旧小区综合整治工作方案，进一步落实相关决议。

北京市城市更新相关政策　表 2-3

成文日期	政策名称	重点内容
2022 年 11 月 25 日	《北京市城市更新条例》（北京市人民代表大会常务委员会公告〔十五届〕88 号）	城市更新是指对北京市建成区内城市空间形态和城市功能的持续完善和优化调整，包括以保障老旧平房院落、危旧楼房、老旧小区等房屋安全，提升居住品质为主的居住类城市更新；以更新改造老旧市政基础设施、公共服务设施、公共安全设施，保障安全、补足短板为主的设施类城市更新等 5 大类、12 项更新内容。城市更新工作遵循规划引领、民生优先，政府统筹、市场运作，科技赋能、绿色发展，问题导向、有序推进，多元参与、共建共享的原则，实行“留改拆”并举，以保留利用提升为主
2022 年 11 月 9 日	《北京市人民政府办公厅关于印发〈老旧小区改造工作改革方案〉的通知》（京政办发〔2022〕28 号）	围绕城镇老旧小区改造工作统筹协调、项目生成、资金共担、多元参与、存量资源整合利用、改造项目推进、适老化改造、市政专业管线改造、小区长效管理等方面，提出一揽子改革举措
2022 年 10 月 10 日	《北京市住房和城乡建设委员会关于印发〈老旧小区改造工程专项检查方案〉的通知》（京建发〔2022〕392 号）	做好老旧小区改造工程领域的安全防范工作，抓实抓细各项措施，全面开展隐患排查治理，确保安全隐患消除在萌芽状态。市住房城乡建设委成立专项检查领导小组，统一领导老旧小区改造工程专项检查工作。针对全市在施且办理施工许可手续的老旧小区改造工程，包括：市属老旧小区改造、危楼改建、简易楼改建、中央单位在京老旧小区改造等基础类、完善类、提升类改造工程
2022 年 3 月 15 日	《北京市住房和城乡建设委员会等五部门关于进一步加强老旧小区改造工程建设组织管理的意见》（京建发〔2022〕67 号）	老旧小区改造还存在认识不到位、居民参与意识不强，前期工作不扎实、设计质量不高、施工管理较为粗放、老旧管网改造数量不高、管线改造与综合整治较难同步衔接等问题。坚持党建引领、坚持共商共建共治，强化老旧小区改造项目立项等前期工作。各区要以“十四五”五年为周期，编制本区老旧小区改造总体实施计划、分年度项目实施计划，根据居民意愿及申报情况持续完善并动态调整项目储备库和年度改造任务计划
2021 年 11 月 2 日	《关于进一步做好 2022 年老旧小区综合整治项目申报和组织实施有关工作的通知》	将全面开展群众工作；完善改造项目申报管理；鼓励创新实施方式和资金筹措机制；分类加快实施央地混合产权老旧小区改造；注重改造项目分类结构；加强工作通报机制
2021 年 8 月 21 日	《中共北京市委办公厅　北京市人民政府办公厅关于印发〈北京市城市更新行动计划（2021—2025 年）〉的通知》	实施城市更新行动，聚焦城市建成区存量空间资源提质增效，不搞大拆大建，除城镇棚户区改造外，原则上不包括房屋征收、土地征收、土地储备、房地产一级开发等项目。城市更新行动与疏解整治促提升专项行动进行有效衔接，规划利用好疏解腾退的空间资源。六类城市更新项目：首都功能核心区平房（院落）申请式退租和保护性修缮、恢复性修建；老旧小区改造；危旧楼房改建和简易楼腾退改造；老旧楼宇与传统商圈改造升级；低效产业园区“腾笼换鸟”和老旧厂房更新改造；城镇棚户区改造
2021 年 8 月 19 日	《北京市住房和城乡建设委员会关于印发〈北京市“十四五”时期老旧小区改造规划〉的通知》（京建发〔2021〕275 号）	全面有序推进市属老旧小区改造。到“十四五”末期，力争基本完成市属需改造老旧小区的改造任务；支持配合中央单位在京老旧小区改造；重点推进首都功能核心区老旧小区改造；加快推进危楼、简易楼改造工作；提高规划设计和适老化改造水平

续表

成文日期	政策名称	重点内容
2021 年 8 月 19 日	《北京市住房和城乡建设委员会　北京市规划和自然资源委员会关于印发〈北京市老旧小区综合整治标准与技术导则〉的通知》（京建发〔2021〕274 号）	主要包括综合整治内容和基本标准、术语、基本规定、综合治理、基础类改造、完善类改造、提升类改造、设计和施工安全与质量验收 8 个部分
2021 年 8 月 13 日	《北京市住房和城乡建设委员会关于做好城镇老旧小区改造工程安全管理工作的通知》（京建发〔2021〕271 号）	鼓励区域集成，推行工程总承包模式，选择信誉良好、安全保障能力强的企业，统筹老旧小区改造和安全管理工作。鼓励专业集成，统筹“六治七补三规范”内容，集中实施治危房、补抗震节能、补市政基础设施、补居民上下楼设施、补社区综合服务设施等相关工作，确保施工安全。鼓励改造工程投融资、建设、运营一体化模式，构建全生命周期质量安全管理责任体系，提升改造工程质量安全水平
2021 年 8 月 2 日	《北京市住房和城乡建设委员会关于进一步加强老旧小区更新改造工程质量管理工作的通知》（京建发〔2021〕242 号）	严格落实建设单位工程质量首要责任，积极推行工程总承包模式，选择信誉良好、设计施工能力强的企业，实施老旧小区改造工作。住房城乡建设主管部门应当建立参建单位和人员信用档案，记录项目建设过程中以及保修期限内涉及工程质量等受到行政处罚或处理的违法违规不良行为，采用披露、评价等方式进行应用，督促改造工程各参建单位落实主体责任
2021 年 7 月 16 日	《北京市住房和城乡建设委员会　北京市规划和自然资源委员会关于优化和完善老旧小区综合整治项目招投标工作的通知》（京建发〔2021〕225 号）	老旧小区综合整治项目全面推行工程总承包模式，依据批复的投资上限，合并招标程序和内容，压缩招标时间。简化老旧小区综合整治项目启动招标条件，引入社会投资的老旧小区综合整治项目，其实施方案（包含投资方案、招标方案、施工方案、运营方案等）由实施单位一次性上报区政府审议，各区政府应开辟绿色通道，及时批复项目实施方案
2021 年 5 月 15 日	《北京市人民政府关于实施城市更新行动的指导意见》（京政发〔2021〕10 号）	城市更新主要是指对城市建成区（规划基本实现地区）城市空间形态和城市功能的持续完善和优化调整，是小规模、渐进式、可持续的更新。主要更新方式包括：老旧小区改造、危旧楼房改建、老旧厂房改造、老旧楼宇更新、首都功能核心区平房（院落）更新等
2021 年 5 月 9 日	《北京市老旧小区综合整治联席会议办公室印发〈关于老旧小区综合整治实施适老化改造和无障碍环境建设的指导意见〉的通知》（京老旧办发〔2021〕11 号）	老旧小区适老化改造和无障碍环境建设，包括通行无障碍改造、公共空间适老化改造、完善适老化公共服务设施、增加居家养老服务有效供给等方面，具体改造内容分为基础类、完善类和提升类。基础类是必须改造的内容，完善类和提升类是根据居民意愿确定的改造内容
2021 年 4 月 26 日	《北京市规划和自然资源委员会关于进一步优化低风险项目规划自然资源管理相关工作的通知》（京规自发〔2021〕132 号）	建设单位应严格按照规划许可内容进行建设，切实履行申报许可承诺函的相关事项，不再委托第三方技术服务机构对项目现场进行调查核测，取消灰线核验环节。低风险项目竣工后，建设单位即可通过一站通系统申请开展竣工联合验收。建设单位取得联合验收意见通知书后，即可申请办理不动产首次登记。登记部门地籍调查和首次登记均不再进行现场实地查看

续表

成文日期	政策名称	重点内容
2021年4月22日	《关于印发〈关于引入社会资本参与老旧小区改造的意见〉的通知》（京建发〔2021〕121号）	社会资本可通过提供专业化物业服务方式参与。社会资本可通过“改造+运营+物业”方式参与。社会资本可通过提供专业服务方式参与。鼓励社会资本作为实施主体参与老旧小区改造。社会资本参与老旧小区改造的，市级财政仍按照《关于老旧小区综合整治市区财政补助政策的函》（京财经二〔2019〕204号）等政策予以支持；同时，对符合条件的项目给予不超过5年、最高不超过2%的贷款贴息。区政府对符合要求的项目，可以申请发行老旧小区改造专项债。支持通过“先尝后买”方式引入专业化物业服务。 存量资源统筹利用。业主共有的自行车棚、门卫室、普通地下室、物业管理用房、腾退空间，在街道（乡镇）指导下，经业主大会决定或物业管理委员会组织业主共同决定使用用途，统筹使用。区属行政事业单位所属配套设施，以及区属国有企业通过划拨方式取得的小区配套用房或区域性服务设施，经专业机构评估，可将所有权或一定期限的经营收益作为区政府老旧小区改造投入的回报。市、区属国有企业通过出让方式取得的配套用房，以及产权属于个人、民营企业和其他单位的配套用房，规划自然资源部门要加强用途管控，恢复原规划用途或按居民实际需要使用。区政府搭建平台，鼓励产权人授权实施主体统筹使用
2021年4月9日	《北京市规划和自然资源委员会　北京市住房和城乡建设委员会　北京市发展和改革委员会　北京市财政局关于老旧小区更新改造工作的意见》（京规自发〔2021〕120号）	服务于区域的锅炉房等市政用地，不得随意改变用地性质，在保证原有设备设施完整并具备使用功能和消防安全的前提下，应预留为应急用地，可临时用于物流、能源应急、停车等。服务于小区的锅炉房可根据居民意愿用作便民服务设施。利用现状房屋和小区公共空间作为经营场所的，有关部门可依据规划自然资源部门出具的临时许可意见办理工商登记等经营许可手续。 适用于本市老旧小区内老旧住宅楼加装电梯、利用现状房屋和小区公共空间补充社区综合服务设施或其他配套设施、增加停车设施等更新改造项目。危旧楼房和简易楼改造涉及上述情况的可参照执行
2021年4月1日	《关于下达2021年老旧小区综合整治工作任务的通知》	2021年老旧小区综合整治工作采取任务制和申报制相结合的方式推进。各区要坚持自下而上的原则，在居民愿意改造并同意承担改造义务的前提下进行项目申报，坚持成熟一批、申报一批，市级联席会将分批给予确认
2021年1月20日	《北京市人民政府关于印发〈关于“十四五”时期深化推进“疏解整治促提升”专项行动的实施意见〉的通知》（京政发〔2021〕1号）	加强棚户区改造、重大项目开发建设全过程管理，解决征拆收尾、配建设施移交等重点难点问题，保障重大项目顺利实施，改善居住环境。试点存量资源整合利用机制，研究相关措施，破解小区现有服务设施产权多元化，导致使用统筹难的问题。探索“不求所有、但求民用”，在区级层面试点小区多产权配套设施在统一平台上实现精细化利用，最大限度满足居民需求。试点增建公共服务设施机制，对存量资源整合利用后仍不能满足居民需求的小区，研究出台增建公共服务设施的支持政策措施，在适度放宽规划指标、新建设施所有权和使用权分离、所有权容缺容错办理等方面给予支持

续表

成文日期	政策名称	重点内容
2021 年 1 月 26 日	《北京市住房和城乡建设委员会关于加强工程质量影像追溯管理的通知》(京建发〔2021〕29 号)	市、区两级住房城乡(市)建设委对影像资料留存情况进行监督检查，每次检查应根据工程进度和实际情况随机调取任意一项某一时段影像资料进行查看
2020 年 12 月 1 日	《关于印发〈老旧小区综合整治中养老、托育、家政等社区家庭服务业税费减免工作指引〉的通知》	为社区提供养老、托育、家政等服务的机构，提供社区养老、托育、家政服务取得的收入，免征增值税、减免企业所得税、免征契税。为社区提供养老、托育、家政等服务的机构自有或其通过承租、无偿使用等方式取得并用于提供社区养老、托育、家政服务的房产、土地，免征房产税、城镇土地使用税
2020 年 8 月 31 日	《北京市住房和城乡建设委员会关于社会投资低风险小型建设项目施工许可试行告知承诺制的通知》(京建发〔2020〕245 号)	试点小型建设项目指适用社会投资低风险且总建筑面积不大于 5000 平方米、建筑高度不大于 24 米，需办理施工许可证的新建、改扩建房屋建筑项目
2020 年 8 月 20 日	《北京市工程建设项目“清单制 + 告知承诺制”审批改革试点实施方案》(京工改办〔2020〕1 号)	社会投资简易低风险工程建设项目中的新建、改扩建项目，规划许可与施工许可合并办理。在“一站通”服务系统中实现项目备案、规划许可、树木移伐审批和施工许可一次受理、并联办理、一次出具许可文件，并可同时进行市政公用设施接入报装申请。“一表式”受理后该阶段总办理时限不超过 6 个工作日
2020 年 8 月 14 日	《北京市规划和自然资源委员会关于完善社会投资低风险工程建设项目“多测合一”工作实施细则的通知》(京规自发〔2020〕288 号)	低风险工程建设项目清单中的办公、商业、公共服务设施、仓库、厂房纳入“多测合一”，由建设范围委托一家测绘单位或联合体同步开展工程竣工测量和不动产测绘，将有关测绘成果形成北京市工程建设项目“多测合一”(低风险)成果报告书，用于规划验收、联合验收、地价款核实和不动产登记
2020 年 7 月 3 日	《北京市规划和自然资源委员会　北京市住房和城乡建设委员会　北京市发展和改革委员会　北京市经济和信息化局　北京市园林绿化局　北京市政务服务管理局关于印发〈社会投资简易低风险工程建设项目规划许可施工许可合并办理的意见〉的通知》(京规自发〔2020〕242 号)	社会投资简易低风险工程建设项目中的新建、改扩建项目，规划许可与施工许可合并办理。申请人通过《建设项目办理申请表(社会投资简易低风险工程“一表式”受理)》一表申请，在“一站通”服务系统中实现项目备案、规划许可、树木移伐审批和施工许可一次受理、并联办理、一次出具许可文件，并可同时进行市政公用设施接入报装申请。“一表式”受理后该阶段总办理时限不超过 6 个工作日
2020 年 6 月 17 日	《北京市住房和城乡建设委员会　北京市规划和自然资源委员会　北京市发展和改革委员会　北京市财政局关于开展危旧楼房改建试点工作的意见》(京建发〔2020〕178 号)	改建项目参照经济适用房项目办理建设手续，原国有土地使用权需全部收回，以重新划拨的方式供给项目实施主体，并办理国有建设土地使用权首次登记。对简易住宅楼和没有加固价值的危险房屋，可拆除重建，尽量补齐厨房、卫浴等生活设施，适当增加居住面积。依据街区控规集约利用土地资源，可适当利用地下空间、腾退空间和闲置空间补建区域经营性和非经营性配套设施，其中经营性配套设施用地通过协议出让方式供应，增加的配套设施由区政府统筹安排使用，不得改变使用用途。采用“成本共担”模式，多渠道筹集资金。改建资金由政府、产权单位、居民、社会机构等多主体筹集，可通过政府专项资金补助、产权单位出资、居民出资、公有住房出售归集资金、经营性配套设施出租出售等多种方式解决。公共服务配套房屋由政府投资，产权归区政府所有

续表

成文日期	政策名称	重点内容
2020年4月17日	《关于印发〈北京市老旧小区综合整治工作手册〉的通知》（京建发〔2020〕100号）	基础准备包括确定项目、建立长效管理机制、确定改造整治内容、确定改造整治设计方案和实施方案、实施改造整治工程等内容；手续办理包括基本规定、责任主体和授权、工作流程、设计标准和施工图审查、规划手续、工程招标采购、施工许可、质量安全监督、档案验收、工程竣工验收备案、管线改造、加装电梯、拆除重建试点
2020年3月11日	《关于明确电动自行车集中充电设施建设有关工作的通知》（京消〔2020〕72号）	住建（房管）、消防救援部门要依法督促物业服务企业做好住宅小区公共区域电动自行车消防安全管理工作，并鼓励物业服务企业积极配合属地政府，依法利用公共用地增建电动自行车集中停放充电设施
2020年2月25日	《北京市发展和改革委员会关于进一步做好社会投资简易低风险工程建设项目有关工作的通知》（京发改〔2020〕238号）	外商投资的固定资产投资项目以及中央高校、科研院所、央企自筹资金建设的固定资产投资项目，属于简易低风险项目清单范围的固定资产投资项目，改为备案制，免于办理节能审查
2019年12月4日	《北京市规划和自然资源委员会等部门关于印发〈关于完善简易低风险工建设项目审批服务的意见〉的通知》（京规自发〔2019〕439号）	扩大简易低风险项目适用范围。将《关于优化新建社会投资简易低风险工程建设项目审批服务的若干规定》（京政办发〔2019〕10号）的适用范围扩大至符合低风险等级，地上建筑面积不大于10000平方米，建筑高度不大于24米，功能单一、技术要求简单的社会投资新建、改扩建项目及内部装修项目。需要进行项目立项的，一律实行备案制，并纳入简易低风险"一站通"系统，建设单位在申请办理建设工程规划许可时，"一表式"申请办理备案手续。制定和完善审查标准，按照符合办理要求的快速办理，不符合办理要求的要遵循"一次告知、快速退回"的原则，高效处理建设工程规划许可申请。建设工程规划许可办理时限不超过5个工作日
2019年7月17日	《北京市园林绿化局关于印发〈本市老旧小区绿化改造基本要求〉的通知》（京绿办发〔2019〕139号）	老旧小区绿化改造方案要坚持绿化面积不减、绿化景观提升的基本原则，发挥居民自治作用，改造方案要征得小区全体居民或业委会意见，形成共识。配合街乡、社区及相关部门研究建立老旧小区绿地养护长效管理制度和资金保障机制，实现整治成果的长效保存
2019年4月24日	《北京市人民政府办公厅关于转发市住房城乡建设委等四部门〈北京市住宅工程质量潜在缺陷保险暂行管理办法〉的通知》（京政办发〔2019〕11号）	住宅工程质量潜在缺陷保险，是指由住宅工程建设单位投保的，保险公司根据保险条款约定，对在保险范围和保险期间内出现的因工程质量潜在缺陷所导致的投保建筑物损坏，履行赔偿义务的保险。工程质量潜在缺陷，是指住宅工程在竣工验收时未能发现的，因勘察、设计、施工、监理及建筑材料、建筑构配件和设备等原因造成的工程质量不符合工程建设标准、施工图设计文件或合同要求，并在使用过程中暴露出的质量缺陷。北京市推行住宅工程质量潜在缺陷保险制度
2019年4月25日	《北京市人民政府办公厅印发〈关于优化新建社会投资简易低风险工程建设项目审批服务的若干规定〉的通知》（京政办发〔2019〕10号）	社会投资简易低风险工程建设项目是指：未直接使用各级公共财政投资进行建设，地上建筑面积不大于2000平方米，地下不超过一层且地下建筑面积不大于1000平方米，功能单一的办公建筑、商业建筑、公共服务设施、普通仓库和厂房。建设项目需要附属小型市政公用设施接入服务的，实行零上门、零审批、零投资的"三零"服务，建设单位无需办理任何行政许可手续，由供水、排水、供电等市政公用服务企业负责建设

续表

成文日期	政策名称	重点内容
2019 年 3 月 31 日	《北京市人民政府办公厅关于印发〈北京市 2019 年棚户区改造和环境整治任务〉的通知》（京政办发〔2019〕7 号）	市政府将棚户区改造和环境整治任务列入 2019 年绩效考核项目。其中，中心城区年度改造任务达 6000 户，共 79 个项目；郊区达 5500 户，共 59 个项目
2019 年 2 月	《关于老旧小区综合整治市区财政补助政策的函》（京财经二〔2019〕204 号）	明确政府、个人和企业的出资边界，基础类以政府投入为主，自选类采用居民付费、社会投资的方式实施。增设电梯项目市财政实施定额补贴每部 64 万元，并建议城六区、通州区区级财政负担改造资金不高于市级补贴单价的 1.2 倍；远郊区区级财政负担改造资金不高于市级补贴单价。各区财政可以结合本区实际制定本区有关补助政策，其余资金由企业、个人共同承担
2018 年 11 月 5 日	《北京市住房和城乡建设委员会关于进一步做好老旧小区综合改造工程外保温材料使用管理工作的通知》（京建法〔2018〕20 号）	自 2018 年 9 月 30 日起，取消老旧小区综合改造工程外保温材料专项备案事项。老旧小区综合改造工程外保温材料性能指标应满足国家和北京市有关标准和规定要求。外保温材料燃烧性能应不低于 B1 级，严禁使用 B2 级及以下的外保温材料；当采用 B1 级外保温材料时，材料进场前应使用不燃材料进行六面裹覆；有机类外保温材料应采用遇火后无熔融滴落物积聚且阴燃性能合格的材料
2018 年 5 月 29 日	《印发〈关于建立我市实施综合改造老旧小区物业管理长效机制的指导意见〉的通知》（京建发〔2018〕255 号）	实施综合改造的老旧小区，改造工作启动前物业管理与改造工程同步表决，业主同意实施物业管理并交纳物业服务费的，列入综合改造计划。改造中物业服务企业或其他管理单位要全程参与，提出合理化建议。改造后管理单位要无缝对接，即时有效开展物业服务。改造后的老旧小区物业服务费用由业主缴纳。各区政府可结合实际情况予以支持。老旧小区物业服务基本内容包括秩序维护，共用部位及共用设施设备运行维修养护（含楼道窗户、照明等的维修养护、化粪池清掏、消防安全检查），保洁清洁（含垃圾分类），绿化养护，基本服务费用由业主缴纳。具体事项可结合老旧小区客观实际进行调整。（原）产权单位应将物业服务用房交由物业管理单位继续使用，不得挪作他用
2018 年 3 月 4 日	《北京市人民政府办公厅关于印发〈老旧小区综合整治工作方案（2018—2020 年）〉的通知》（京政办发〔2018〕6 号）	整治范围：1990 年以前建成、尚未完成抗震节能改造的小区，1990 年以后建成、住宅楼房性能或节能效果未达到民用建筑节能标准 50% 的小区，以及经鉴定部分住宅楼房已成为危房且没有责任单位承担改造工作的小区。梳理老旧小区周边空间资源，确定老旧小区整治范围和具体实施项目，可将相邻老旧小区进行统筹整治。老旧小区综合整治主要实施“六治七补三规范”，即：治危房、治违法建设、治开墙打洞、治群租、治地下空间违规使用、治乱搭架空线，补抗震节能、补市政基础设施、补居民上下楼设施、补停车设施、补社区综合服务设施、补小区治理体系、补小区信息化应用能力，规范小区自治管理、规范物业管理、规范地下空间利用。各区负责制定吸引社会资本参与老旧小区综合整治的具体措施，建立受益者付费机制

续表

成文日期	政策名称	重点内容
2018年12月	《北京市发展和改革委员会关于印发〈北京市老旧居民小区配网改造工作方案（2018—2022年）〉的通知》（京发改〔2018〕2952号）	计划用5年时间，完成421个老旧小区的配电网改造，覆盖14个区约30万户居民高压侧配电设施投资，如果是无责任主体小区，市政府、区政府和国网北京市电力公司按照总投资30%、35%、35%的比例分摊；如果是有责任主体小区，市政府、区政府、国网北京市电力公司、责任主体按照总投资20%、20%、30%、30%的比例分摊。对于分界点以下低压侧配电设施，如果是无责任主体小区，市政府、区政府按照总投资30%、70%的比例分摊；如果是有责任主体小区，市政府、区政府、责任主体按照总投资30%、35%、35%的比例分摊
2018年2月6日	《北京市人民政府办公厅关于印发〈北京市2018年棚户区改造和环境整治任务〉的通知》（京政办发〔2018〕4号）	按照人口规模、建设规模双控要求，控制好项目拆占比、拆建比，通过棚户区改造和环境整治推进建设用地减量。要将棚户区改造和环境整治与“疏解整治促提升”专项行动其他任务结合起来，统筹规划，补齐短板，进一步完善公共服务设施，改善人居环境，提升生活品质。市政府将棚户区改造和环境整治任务列入2018年绩效考核项目。其中，中心城区年度改造任务达1.53万户，共92个项目；郊区达8250户，共144个项目
2018年1月29日	《北京市规划和国土资源管理委员会关于印发〈关于加快推进老旧小区综合整治规划建设试点工作的指导意见〉的通知》（市规划国土发〔2018〕34号）	老旧小区综合整治的具体工作全部向区级层面下放。街道办事处可以组织实施的内容包括：根据群众实际需求适量完善停车设施、电梯设施，新建、改造的社区管理、养老、助残、医疗、教育、文化体育设施等非经营性居住公共服务设施，以及不满足抗震加固要求、采取就地重置的方式进行整体改造的老旧小区综合整治项目等。规划国土、建设、消防主管部门加强对试点工作的“事前事中服务指导”和“事后评估监督”，配合街道办事处做好消防审查、施工图审查、施工招标投标、产权办理等手续
2017年10月18日	《关于进一步规范棚户区改造项目融资工作的通知》（京财经二〔2017〕2294号）	市、区财政可以通过资本金注入、以奖代补、贷款贴息等多种方式支持棚户区改造工作，充分发挥财政资金引导放大作用，吸引社会资本参与棚户区改造工作。市、区各相关部门要严格按照中央关于地方政府性债务管理有关要求，认真梳理棚户区改造项目融资的各个环节，对不符合规定的事项，尽快落实整改
2017年8月14日	《关于组织开展老旧小区摸底调查的通知》（京建发〔2017〕339号）	1990年以前建成、尚未完成抗震节能改造的小区，1990年以后建成、住宅楼房未达到“65%”建筑节能设计标准的小区；经鉴定部分住宅楼房已成为危房、没有责任单位承担改造任务的小区。“十二五”期间已经完成抗震节能改造，基础设施和基本功能仍存在不足的小区
2017年6月19日	《北京市人民政府办公厅关于印发〈加快推进自备井置换和老旧小区内部供水管网改造工作方案〉的通知》（京政办发〔2017〕31号）	2020年底前，在中心城区及其周边公共供水管网覆盖范围内和城市副中心，基本实现生活用自备井供水全部置换为市政供水，基本完成老旧小区内部供水管网改造并实行专业化管理。完成中心城区及其周边公共供水管网覆盖范围内883个单位的自备井置换工作。完成城市副中心150个单位的自备井置换工作

续表

成文日期	政策名称	重点内容
2017年7月8日	《北京市市政市容管理委员会　北京市发展和改革委员会〈关于2016—2018年老旧供热管网改造〉的通知》(京政容函〔2016〕204号)	2000年(含)以前建设居住小区的老旧供热管道为本次改造范围；2000年以后建设的居住小区，属于供热管线腐蚀严重、严重影响供热质量的，经市、区市政市容委同意后可纳入改造范围；鉴于室外改造工程在原有路由上进行，参照管线返修工程有关程序，改造项目可不办理规划"两证一书"、环评、施工许可证
2017年4月7日	《北京市人民政府办公厅关于印发〈北京市2017年棚户区改造和环境整治任务〉的通知》(京政办发〔2017〕19号)	市政府将棚户区改造和环境整治任务列为2017年绩效考核项目。其中，中心城区年度改造任务达3万户，共85个项目；郊区达6000户，共43个项目。各区政府、市政府有关部门要密切协作配合，加强联动对接，落实好资金保障、建设用地供应、征收补偿、拆迁安置等各项支持政策。要层层压实责任，明确完成时限，加大督查力度，推动各项任务落到实处
2016年1月16日	《北京市人民政府办公厅关于印发〈北京市2016年棚户区改造和环境整治任务〉的通知》(京政办发〔2016〕6号)	中心城区涉及计划实施项目112项、储备计划项目数142个，本年改造任务达3万户；近远郊区实施计划27项、储备计划项目数54个，本年改造任务达5000户
2016年1月6日	《北京市人民政府关于进一步加快推进棚户区和城乡危房改造及配套基础设施建设工作的意见》(京政发〔2016〕6号)	力争2015—2017年共改造包括城市危房、老旧小区在内的各类棚户区住房12.7万户、农村危房2600户，并加大配套基础设施建设力度，使城市基础设施布局更加合理、运行更加安全、服务更加便捷，切实改善群众居住条件和生活环境
2015年3月10日	《北京市人民政府办公厅关于印发〈北京市2015年棚户区改造和环境整治任务〉的通知》(京政办发〔2015〕14号)	城六区涉及项目89项，其中上年结转75项，本年新增14项；远郊县区涉及项目23项，其中上年结转15项，本年新增8项
2014年6月25日	《北京市人民政府关于加快棚户区改造和环境整治工作的实施意见》(京政发〔2014〕18号)	到2017年底，全市完成棚户区改造15万户，基本完成四环路以内棚户区改造和环境整治任务，使居民住房条件和生活环境明显改善，基础设施和公共服务设施水平不断提高。棚户区改造和环境整治工作包括城市棚户区项目(平房区院落修缮项目、危旧房改造项目、城中村边角地整治项目、新增棚户区改造和环境整治项目)和国有工矿棚户区项目
2012年2月27日	《北京市园林绿化局关于做好北京市老旧小区综合整治绿化美化工作的意见》(京绿城发〔2012〕4号)	以提升小区绿化水平、协调各方需求，捋顺管理体制，规范绿地管理为目标，重点解决老旧小区绿化水平不高、绿化管理主体及职责不清晰、非法侵占绿地现象严重、各类需求矛盾尖锐等群众反映强烈的问题，通过改造实现小区的安全、整洁、美观，使整治后的老旧小区达到绿起来、亮起来、畅通起来、和谐起来。按照现行的市与区(县)分税制财政管理体制，由区(县)筹集落实。绿化整治投资标准为120~160元/米，养护管理资金标准为6元/米·年

续表

成文日期	政策名称	重点内容
2012 年 1 月 21 日	《北京市人民政府关于印发北京市老旧小区综合整治工作实施意见的通知》(京政发〔2012〕3 号)	1990 年(含)以前建成的、建设标准不高、设施设备落后、功能配套不全、没有建立长效管理机制的老旧小区(含单栋住宅楼),为此次综合整治范围。整治内容包括房屋建筑本体和小区公共部分。市重大办、市住房城乡建设委、市市政市容委为联席会召集单位。各区县政府及相关部门和单位为联席会成员单位。由市重大办牵头,承担联席会的日常组织工作,对外以“北京市老旧小区综合整治办公室”的名义开展工作

资料来源:作者根据官网公布信息整理

北京市各区县老旧小区改造政策文件整理 表 2-4

区县	成文日期	政策名称	重点内容
顺义	2018 年 8 月 13 日	《北京市顺义区人民政府办公室关于印发〈顺义区 2018 年老旧小区综合整治工作实施方案〉的通知》(顺政办发〔2018〕11 号)	确定整治计划、确定投资主体、确定物业标准、开展前期整治、确定改造内容、开展方案设计、办理前期手续、改造工程施工、开展验收移交、落实规范管理
通州	2018 年 6 月 22 日	《北京市通州区人民政府关于通州区老旧小区综合整治工作方案(2018—2020 年)的通知》(通政发〔2018〕22 号)	由北京城市副中心投资建设集团有限公司作为通州区老旧小区综合整治的投资主体。由属地作为老旧小区综合整治工作的实施主体。合理梳理老旧小区周边空间资源,确定老旧小区整治范围和实施项目,可将相邻老旧小区进行统筹整治。挖潜老旧小区周边企事业单位停车资源,建立错时共享停车机制
	2015 年 12 月 25 日	《北京市通州区人民政府办公室关于落实老旧住宅电梯更新改造大修资金政府救助工作的实施意见》(通政办发〔2015〕35 号)	包括三类:电梯投入使用年限 15 年以上;经过安全评估需要进行更新、改造或大修;电梯产权主体不清、资金政策不明的
房山	2018 年 5 月 29 日	《北京市房山区人民政府办公室关于印发〈房山区老旧小区综合整治工作方案(2018—2020 年)〉的通知》(房政办发〔2018〕24 号)	区建委负责老旧小区综合整治全面工作。房山区老旧小区综合整治领导小组办公室作为项目主体,负责具体实施工作。全区共有住宅楼房性能或节能效果未达到民用建筑节能标准 65% 的老旧小区 198 个,建筑面积 582 万平方米。采取“基层组织、居民申请、社会参与、政府支持”的方式实施
房山	2009 年 2 月 25 日	《房山区 2009 年老旧小区改造实施方案》	按照设施、设备老化程度、遵循轻重缓急的原则,确定了良乡宜春里社区、文化路社区、北关东路社区、一街社区;城关万宁小区、南沿里小区、南里小区等 7 个小区为改造范围。改造项目包括楼面防水修缮,排水管线改造,雨漏管线更换,污水井修建,化粪池修建等项目

续表

区县	成文日期	政策名称	重点内容
昌平	2018 年 4 月 27 日	《北京市昌平区人民政府办公室关于印发〈2018 年昌平区老旧小区综合整治试点工作实施方案〉的通知》（昌政办发〔2018〕13 号）	区老旧小区综合整治办公室和市规划国土委昌平分局梳理老旧小区周边空间资源，确定老旧小区整治范围和具体实施项目。区老旧小区综合整治办公室通过公开招标的方式确定 1 家具有工程全过程管理资质的企业作为投资主体。全过程管理公司可将市区两级资金作为老旧小区综合改造资金，依托区政府确定的改造区域内相关公共资源，搭建投融资平台，吸引社会资本参与自选类改造
	2015 年 9 月 24 日	《北京市昌平区人民政府办公室关于印发昌平区 2015 年老旧小区综合整治工作方案的通知》（昌政办发〔2015〕24 号）	整治任务：25.43 万平方米，其中抗震节能综合改造任务 15.84 万平方米，节能综合改造任务 9.59 万平方米，简易楼改造 2 栋。整治内容：抗震节能综合改造、节能综合改造、公共区域整治。建立昌平区老旧小区综合整治工作联席会议制度
海淀	2021 年 5 月 12 日	《北京市海淀区人民政府关于印发本区“十四五”时期老旧小区综合整治实施方案的通知》（海政发〔2021〕13 号）	“十四五”期末，力争基本完成 2000 年底之前建成的、需改造的市区属城镇老旧小区整治任务。对中央国家机关及其所属单位、中央在京企业的老旧小区，做好服务协调，同步推进。整治范围为 2000 年底之前建成的小区，整治内容划分为基础类、完善类、提升类三种。以“平台 + 专业企业”的模式推进老旧小区改造。条件具备的，采取“投资 + 设计 + 施工 + 运营”一体化实施，提高改造效率。区政府通过土地及房屋资源授权、规划调整、容积率转移、资源地块捆绑等方式为实施平台提供融资支持
	2018 年 3 月 12 日	《北京市海淀区人民政府关于印发本区 2018—2020 年老旧小区综合整治实施方案的通知》（海政〔2018〕5 号）	成立 2018—2020 年老旧小区综合整治指挥部，由主管副区长任总指挥，区住房城乡建设委主任任副总指挥，成员单位包括：区发展改革委、区财政局、规划国土委海淀分局、区住房城乡建设委、区城市管理委、区房管局、区社会办、海淀消防支队、区园林绿化局、区水务局、区城管执法监察局、海淀交通支队及各街镇。指挥部下设办公室，设在区住房城乡建设委，负责统筹、协调指挥部日常工作
	2012 年 2 月 1 日	《北京市海淀区人民政府关于印发本区老旧小区综合整治实施方案的通知》（海政发〔2012〕6 号）	成立“海淀区老旧小区综合整治领导小组”，区长任组长，主管城建、城管、街道、镇、维稳工作的副区长任副组长。成立城市老旧小区综合整治指挥部和分指挥部
延庆	2013 年 2 月 26 日	《北京市延庆县人民政府办公室转发县住房城乡建设委关于延庆县 2013 年老旧小区综合整治改造实施方案的通知》（延政办发〔2013〕3 号）	成立领导小组，县长任组长，包括县委组织部、县发展改革委、县财政局、县公安局、县监察局、延庆国土分局、延庆规划分局、县住房城乡建设委、县市政市容委、县水务局、县审计局、县质监局、县安全监管局、县城管大队、县地震局、县信访办、各街道办事处、延庆供电公司、夏都大地燃气公司、缙阳水业公司、歌华延庆分公司、中国移动延庆分公司、中国联通延庆分公司等部门，对各部门进行分工

续表

区县	成文日期	政策名称	重点内容
石景山	2020 年 3 月 3 日	《北京市石景山区人民政府办公室关于印发〈石景山区老旧小区综合整治和长效治理工作方案（试行）〉的通知》（石政办发〔2020〕2 号）	十二项重点任务：一是推进党建引领物业管理改革；二是探索物业管理赋权街道改革；三是以共同缔造理念推进老旧小区改造与同步管理工作；四是深化与首开集团战略合作；五是推进区属老旧小区管理改革；六是分类实施物业服务管理模式试点；七是推进物业管理区域划分工作试点；八是推广物业联盟或行业组织自评、自管、自律工作；九是推进居民区市政管线“进门入户”；十是做好住宅专项维修资金和房改房售房款基本情况调查工作；十一是推动综合整治与城市更新有机结合；十二是持续完善老旧小区全要素数据管理平台
	2012 年 3 月 20 日	《北京市石景山区人民政府关于印发〈石景山区老旧小区综合整治工作实施方案〉的通知》（石政发〔2012〕7 号）	58 个小区纳入整治范围，整治内容包括建筑本体和小区公共部分；资金来源包括财政投资、售房款、住宅专项维修资金、责任企业资金和社会投资。房屋建筑加固等由市区两级财政按照 1 : 1 比例承担
密云	2017 年 7 月 17 日	《北京市密云区人民政府关于印发〈密云区 2017 年度老旧小区环境提升和绿荫停车场改造工程实施方案〉的通知》（密政发〔2017〕44 号）	重点解决人大建议和政协提案较多、人民群众关注度高、反映强烈、矛盾突出、存在安全隐患亟需治理的小区。按照属地管理的原则，由各镇街（地区）负责后期日常管理监督，健全相应的管理制度，建立老旧小区管理长效机制，维护改造成果
开发区	2020 年 3 月 16 日	《北京经济技术开发区管理委员会关于印发〈北京经济技术开发区关于促进城市更新产业升级的若干措施（试行）〉的通知》	三种更新形式：一是鼓励产业升级。经管委会批准后，土地使用权人可以通过产业升级的方式提高土地节约集约利用水平，在符合上位规划的前提下，鼓励提容增效。二是允许转型为产业园区。建成时间不少于 6 年的工业项目，经批准可以转型为产业园区，同意以出租房屋的方式引进产业项目。三是提倡政府收储、回购。原项目无法继续实施的，提倡以合理的补偿价格收储回购的方式盘活重新利用。经批准的产业升级项目无法按期实施的，纳入收储回购目录

数据来源：作者根据官网公布信息整理

2012 年，为落实国务院与住房和城乡建设部开展防震减灾和建筑节能工作的部署，结合北京市委对完善城市功能，切实改善民生，让人民群众共享发展成果的要求，《北京市人民政府关于印发北京市老旧小区综合整治工作实施意见的通知》（京政发〔2012〕3 号），界定整治范围、整治内容、工作目标、职责分工、工作机制等内容，奠定了北京市老旧小区改造的基本逻辑，要求对 1990 年之前建设且建设标准、设施设备、功能配套明显低于现行标准的老旧小区，实施了以抗震节能为主、环境治理为辅的综合整治。2016 年底，北京市委、市政府决定开展新一轮老旧小区综合整治工作，要求新一轮老旧小区综合整治工作要立足改善，将整治和提升结合，增强和优化社区服务功能。要面对新情况，适应和回应群众的新需求。2017 年，围绕节能改造、上下水更新、增设停车位、加装电梯和架空线规范梳理及入地等内容，经北京市政府批准，在中心城区和通州区选取了 10 个小区率先开展新一轮老旧小区综合整治试点，为全市"十三五"时期老旧小区综合整治摸索经验。试点项目进展顺利，取得了积极成效，但也遇到群众需求和利益协调难、老旧小区设施改善条件有限、资金缺口较大、管理体系缺失等难点问题。2017 年 6 月，《北京市人民政府办公厅关于印发〈加快推进自备井置换和老旧小区内部供水管网改造工作方案〉的通知》（京政办发〔2017〕31 号），从供水安全和副中心建设角度出发，要求 2020 年底前完成老旧小区内部供水管网改造并实行专业化管理，工作重点再次转向老旧小区，并从电力管网、外墙保温等专项改造逐步转向综合改造，建立长效机制。在此期间，北京市住房和城乡建设委员会制定了部分改造施工技术导则并监督施工情况，如外墙外保温施工技术导则等。

2018 年，在总结试点项目实施经验的基础上，北京市委、市政府决定扩大老旧小区综合整治实施范围。《北京市人民政府办公厅关于印发〈老旧小区综合整治工作方案（2018—2020 年）〉的通知》（京政办发〔2018〕6 号），将 1990 年以前建成、尚未完成抗震节能改造的小区，1990 年以后建成、住宅楼房性能或节能效果未达到民用建筑节能标准 50% 的小区，以及经鉴定部分住宅楼房已成为危房且没有责任单位承担改造工作的小区纳入老旧小区范围进行改造。其提出"六治七补三规范"的工作目标。《北京市规划和国土资源管理委员会关于印发〈关于加快推进老旧小区综合整治规划建设试点工作的指导意见〉的通知》（市规划国土发〔2018〕34 号），提出了"老旧小区综合整治的具体工作全部向区级层面下放""试点由街道办事处作为老旧小区综合整治组织和实施的主体"，并规定了街道办事处可以组织实施改造的内容范围。

2019 年，《北京市规划和自然资源委员会等部门关于印发〈关于完善简易低风险工建设项目审批服务的意见〉的通知》（京规自发〔2019〕439 号），简化老旧小区管理程序。北京市园林绿化局、财政局、住房和城乡建设委员会、规划和自然资源委员会等专业部门从各子行业管理牵头针对老旧小区的园林绿化、财政资金、建设质量、管理优化等方面提出部门政策，如财政局等四部委下发《关于老旧小区综合整治市区财政补助政策的函》（京财经二〔2019〕204 号）提出加大财政支持力度的具体意见。《北京市规划和自然资源委员会等部门关于印发〈关于完善简易低风险工建设项目审批服务的意见〉的通知》(京规自发〔2019〕439号)和《北京市人民政府办公厅印发〈关于优化新建社会投资简易低风险工程建设项目审批服务的若干规定〉的通知》(京政办发〔2019〕10号)等政策文件，提出符合简易低风险项目立项采取备案制，采用“一站通”系统、“一表式”手续，促进了城市更新项目审批程序优化。

2020年，北京市住房和城乡建设委员会等七部门联合发布《2020年老旧小区综合整治工作方案》(以下简称《工作方案》)和《北京市老旧小区整治工作手册》(以下简称《工作手册》)。《工作方案》明确老旧小区综合整治主要实施“六治七补三规范”，初步提出“老旧小区综合整治联席会议制度”框架并划分各单位责任，且提到“各区政府确定符合条件的企业作为投资主体，负责资金筹措、前期准备、统筹组织等工作”，为老旧小区改造明确了较为清晰的基本框架。首次提出推广劲松模式，研究探索社会资本参与老旧小区综合整治的定位、参与方式和投资回报方式。鼓励具备投资、规划设计、改造施工、运营服务能力的民营企业作为投资、实施和运营主体。鼓励市属国有企业参与老旧小区综合整治，总结“首开经验”。北京市住房和城乡建设委员会等五部门联合发布《关于印发〈北京市老旧小区综合整治工作手册〉的通知》(京建发〔2020〕100号)，规范老旧小区改造内容和实施程序，确定了老旧小区改造的量化目标、管理机制、实施主体、手续办理流程，社会资本参与成为老旧小区改造的一个重要推进手段。要求市级各部门负责牵头制定项目实施、资金共担、社会资本参与、金融支持等各方面机制，各区政府作为责任单位负责落实，街道办事处组织组建业主自治组织，并与社区居民委员会共同决定物业改造方案与实施主体，物业单位、施工单位等实施主体编制施工计划、运营方案。2020年6月19日，北京市老旧小区综合整治联席会议办公室公布第一批老旧小区综合整治名单，涉及东城、西城、朝阳、海淀、石景山、丰台、通州、房山、顺义、大兴、昌平、延庆12个区，共153个项目，改造楼栋数998栋，改造建筑面积517万平方米。政策焦点更多地集中到实际工作落地上。与此同步，规划、建设行政主管部门出台系列文件，针对低风险项目实施备案管理，简化灰线核验等环节，实施统一验收等措施，加快老旧小区改造。

2021年，北京市老旧小区政策在解决各方面问题的基础上制定了短期规划框架，更多地开始落实社会资本进入改造的运作模式。北京市老旧小区综合整治联席会议办公室继续明确本年度工作任务与综合整治方案，各市级牵头单位根据各自责任划分领域出台了相应意见。《北京市人民政府关于实施城市更新行动的指导意见》（京政发〔2021〕10号），明确城市更新的概念内涵，是指对城市建成区（规划基本实现地区）城市空间形态和城市功能的持续完善和优化调整，是小规模、渐进式、可持续的更新，提出城市更新项目产权清晰的，产权单位可作为实施主体，也可以协议、作价出资（入股）等方式委托专业机构作为实施主体；产权关系复杂的，由区政府（含北京经济技术开发区管委会）依法确定实施主体。2021 年 8 月，《中共北京市委办公厅　北京市人民政府办公厅关于印发〈北京市城市更新行动计划（2021—2025 年）〉的通知》，提到城市更新应聚焦于存量空间增质提效，并明确了老旧小区改造、危旧楼房改建和简易楼腾退改造、老旧楼宇与传统商圈改造升级等六项城市更新项目类型及项目目标、责任单位，进一步明确了综合类政策、规划类政策、建设管理类政策、资金类政策的制定单位和完成时限，为未来五年的北京市老旧小区改造提供了方向性支撑。《北京市住房和城乡建设委员会关于印发〈北京市“十四五”时期老旧小区改造规划〉的通知》（京建发〔2021〕275 号），确定了全面有序推进市属老旧小区改造；支持配合中央单位在京老旧小区改造；重点推进首都功能核心区老旧小区改造；加快推进危楼、简易楼改造工作；提高规划设计和适老化改造水平五大目标。明确推进市属老旧小区改造；加快推进危楼、简易楼改建腾退工作；支持配合推进中央单位在京老旧小区改造；社区居民共建共治共享；推进社会力量参与；健全改造标准规范体系；加大政策支持力度；健全物业管理机制八大主要任务，重点突出了社会资本参与改造的形式、支持政策和物业运作方式，同时列出专项工作各部门职责和改革措施清单，将纲领要求和具体措施进一步结合起来。

2022 年《北京市住房和城乡建设委员会等五部门关于进一步加强老旧小区改造工程建设组织管理的意见》（京建发〔2022〕67 号），提出探索改造工程投融资、建设、运营一体化模式，构建“谁投资、谁建设、谁运营、谁维护、谁受益”的发展机制，由项目实施单位一并接收物业管理。2022 年 11 月 15 日，《北京市人民政府办公厅关于印发〈老旧小区改造工作改革方案〉的通知》（京政办发〔2022〕28 号），涉及老旧小区改造项目管理机制、多方参与机制、长效管理机制、工作统筹协调机制、适老化改造、市政专业管线、规划建设管理以及财税、金融和住房公积金支持措施等。2022 年 11 月 25 日，《北京市城市更新条例》（北京市人民代表大会常务委员会公告〔十五届〕88 号）通过审议并自 2023 年 3 月 1 日起施行，包括总则、城市更新规划、城市更新主体、城市更新实施、城市更新保障、监督管理、附则共七章五十九条，城市更新真正实现有法可依。

综上所述，北京市城市更新明确了基本的实施框架和管理流程，制定了一系列支持性政策，并将社会资本参与改造、运营过程作为改造的主要路径，希望通过经营性空间的置换，打造政府、市场、居民共同参与社区治理的共建共享机制，实现城市内部存量空间的盘活与升级。

2. 政策特征

（1）整治内容系统分级，强调物业规范管理

北京市老旧小区整治内容划分为基础类、完善类、提升类三种，其中基础类改造内容包括拆除违法建设（表 2-5），建筑物公共部位修缮、抗震加固和节能改造，专业经营设施及消防、安防、环卫设施、透水铺装等海绵设施改造提升；完善类改造内容包括加装电梯，建筑物给水排水改造，适老化改造与无障碍环境建设，小区道路交通优化和绿化、照明等环境整治，完善停车设施、智能快件箱和智能信包箱、文化休闲设施、体育健身设施、物业管理与服务用房等配套设施；提升类改造内容包括改造或建设小区综合服务设施、卫生服务站等公共卫生设施、相关教育设施、周界防护等智能感知设施，以及养老、托育、助餐、家政保洁、便民市场、便利店、邮政快递末端综合服务站等小区专项服务设施。

老旧小区整治内容分类一览表　　表 2-5

分类		内容
基础类	楼栋	抗震加固、节能改造、违建清除、上下楼设施改造、空调规整、楼体外部线缆规整、楼体清洗粉刷、窗户外现有护栏拆除、一层加装隐形防护栏
	社区	补建社区综合服务设施、补建小区信息化应用能力、规范小区自治管理、规范物业管理、规范社区环境治理、规范垃圾分类处理
自选类		养老驿站、社区菜市场、居民会客厅、社区服务站、健身房、屋顶花园、屋顶光伏发电、儿童托管、社区便利店、共享空间、立体停车场、外挂式电梯、爬楼代步器、地下室储物、地下室种植

资料来源：作者根据北京市《老旧小区综合整治工作方案（2018—2020 年）》整理

（2）规划许可标准初步明确，手续有待规范化

2020 年 4 月，北京市住房和城乡建设委员会、北京市规划和自然资源委员会等五

部门联合发布了《北京市老旧小区综合整治工作手册》(下称《工作手册》)，明确了老旧小区综合整治的规划许可、规划备案存档手续。2021 年 8 月，北京市住房和城乡建设委员会、北京市规划和自然资源委员会联合发布《北京市老旧小区综合整治标准与技术导则》，详细说明了老旧小区改造中供水供电供热管网、环卫设施、绿化、停车位等各项改造标准和验收标准。根据《工作手册》，整治改造中不增加建筑面积的，可以不办理规划手续，只需要建设单位提供备案存档申请函、项目初步设计及投资概算批复文件复印件、设计方案图和施工图设施文件、案卷并档进行规划备案存档办理；对于简易住宅楼增加面积翻建的，需要以“一事一议”“一楼一策”的原则制定计划方案，并遵循居住区规划设计要求，征得业主和相关利益人意见，由北京市规划和自然资源委员会主管部门办理土地、规划许可等手续。2021 年 6 月，北京市规划和自然资源委员会、北京市住房和城乡建设委员会等四部门发布《关于老旧小区更新改造工作的意见》，增加了关于老旧住宅楼加装电梯，利用锅炉房(含煤场)、自行车棚、其他现状房屋补充社区综合服务设施或其他配套设施，增加停车设施三类更新内容的产权转换手续和规划手续。这三类项目在不扩建、新建的基础上不需要办理立项、规划、用地和施工许可手续；需要增层、增加建筑规模的，按照低风险工程建设项目审批规定执行，采取“一网通办”“一表式”申请和受理、精简审批事项、压缩审批时限等多项便捷原则。社区服务设施空间可临时改变使用功能但暂不改变规划性质、土地权属；经营性空间依据规划和自然资源部门的临时许可意见办理工商登记等经营许可手续。总体而言，目前改造项目的规划许可审批手续均属于临时性办法，以高效便捷为原则推动试点项目落地，但还没有在法律上真正形成保障体系作为实践依据。

(3)财政支持与金融政策多样性体系基本形成

针对老旧小区自备井置换、供水管网、社区服务机构引进、加装电梯等，相关部门均出台了一定财政政策支持。根据 2017 年 6 月北京市政府办公厅发布的《加快推进自备井置换和老旧小区内部供水管网改造工作方案》，老旧小区内部供水管网改造由北京市政府固定资产投资负责 50%，北京市自来水集团自筹 50%。针对社区家庭服务业，北京市住房和城乡建设委会于 2020 年 12 月印发《老旧小区综合整治中养老、托育、家政等社区家庭服务业税费减免工作指引》，对社区养老、托育、家政等服务业取得收入免征增值税、契税、房产税、城镇土地使用税，并按 90% 收入总额收取企业所得税。对于适老化改造和无障碍环境建设，2021 年，北京市老旧小区综合整治联席会议办公室出台的《关于老旧小区综合整治实施适老化改造和无障碍环境建设的指导意见》规定，基础类、加装电梯或安装爬楼代步器按照市区相关财政补助政策执行，如增设电梯市财政补贴每部 64 万元，并建议城六区、通州区区级财政负担改造资金不高于市级补贴单价的 1.2 倍；远郊区区级财政负担改造资金不高于市级补贴单价，其余资金由企业、个人共同承担。健身器材改造可由体育彩票公益金全额支持，社会资本参与相关改造可向金融机构申请中长期贷款。此外，在金融贷款方面，根据 2021 年 4 月北京市住房和城乡建设委员会等九部门联合发布的《关于引入社会资本参与老旧小区改造的意见》，市财政对于参与运营改造的社会资本可给予不超过 5 年、最高不超过 2% 的贷款贴息；区政府对符合要求的项目，可以申请发行老旧小区改造专项债。同时鼓励金融机构参与投资相关城市更新基金；鼓励社会资本开展企业资产证券化，向开发性金融机构、商业银行等申请中长期贷款，利用财政补贴等各方资金作为项目融资的资本金。总体而言，财政在基础类硬件改造，如在楼本体、管网方面提供了专项资金支持，对于社区服务提供了税费减免支持，对于社会资本参与提供了一定的贷款和融资便利，但还未能形成完整的规章体系。

（4）跨部门协作体系初步建立

《老旧小区综合整治工作方案（2018—2020 年）》提出建立老旧小区综合整治联席会议制度，联席会议成员单位包括市住房城乡建设委、首都综治办、市发展改革委、市民政局、市公安局、市财政局、市规划国土委、市城市管理委、市交通委、市水务局、市社会办、市国资委、市园林绿化局、市城管执法局等单位和各区政府。市老旧小区综合整治联席会议办公室负责日常工作，各区政府为本区老旧小区综合整治工作的责任主体。2021 年 5 月，北京市老旧小区综合整治联席会议办公室发布的《2021 年北京市老旧小区综合整治工作方案》，明确了量化目标和各部门责任任务分工，如市住房城乡建设委负责编制北京市“十四五”时期老旧小区综合整治规划，市发展改革委、市规划自然资源委、市财政局、市国资委、市城市管理委、市民政局、市市场监管局、市水务局、市住房资金管理中心为配合单位。总体而言，北京市老旧小区整治改造形成了以市老旧小区综合整治联席会议办公室为日常决议部门、其他部门具体落实的跨部门协作制度。

（5）规划、建设、运营的流程逻辑基本构建

老旧小区改造是城市更新的重要部分，其主要包括规划、建设、运营三个模块。规划通过制定行动计划为建设及运营提供制度保障。建设内容主要为老旧小区基础设施改造、公共服务优化提升、物业管理健全完善，改造资金主要来源于政府专项资金划拨、居民自投改造资金、企业投资。结合现实情况，不难发现政府专项资金有限且各地区标准不一，仅能覆盖老旧小区基础设施改造的部分内容，且覆盖项目与资金体量根据政策形势变化，缺乏稳定性；居民对社区改造持怀疑态度，且改造意见难以达成一致，对于自行出资并不积极，目前而言同样缺乏持久性；企业投资则相对其他两种渠道而言具有一定的可持续性，但这建立在盈利空间可观的基础上。故运营部分作为企业进入老旧小区改造的主要盈利动力，也成为老旧小区改造项目乃至城市更新的重要模块。运营的对象主要来源于现有存量资产，包括土地和建筑。对于老旧小区改造而言，多依赖于存量建筑运营取得盈利，存量土地的获取还有较大难度与限制。而存量建筑的运营就涉及了产权归属的分割、建筑功能性质的转换等问题，这就需要针对现有产权制度进行重新评估与安排，即通过产权的再运作与设计，为老旧小区的存量空间运营提供可行性，从而吸引企业进入老旧小区改造项目，为改造提供可持续资金，也推动城市更新规划的拓展与衍生，从而促进城市更新进入良性循环。

（三）济宁政策分析

济宁市老旧小区改造主要基于山东省老旧小区改造政策，结合实际情况，发展具有本地特色的政策制度体系（表 2-6）。

济宁市老旧小区改造相关政策梳理 表 2-6

成文日期	政策名称	重点内容
2022 年 8 月 25 日	《山东省住房和城乡建设厅关于印发山东省城镇老旧小区改造可复制政策机制清单（第二批）的通知》	存量资源整合利用、加强施工质量安全监管、完善长效管理等
2022 年 8 月 1 日	《济宁市人民政府关于济宁市城市管理品质提升攻坚年的实施意见》（济政字〔2022〕34 号）	提高棚户区和老旧小区改造标准，将雨污分流、节能改造、弱电入地、停车泊位及公共充电桩建设优先纳入改造范围，真正把群众最急需、最迫切的内容改造好、改到位
2022 年 7 月 12 日	《山东省住房和城乡建设厅关于印发山东省城镇老旧小区改造可复制政策机制清单（第一批）的通知》	积极克服疫情影响加快项目开工、结合改造开展适老化改造、适儿化改造、无障碍环境建设、加装电梯等、多渠道筹措改造资金
2021 年 12 月 31 日	《济宁市人民政府关于加快实施养老服务高质量发展“三年行动计划”的意见》（济政字〔2021〕87 号）	对老旧居住区按每百户不少于 20 平方米的养老设施标准，通过老旧小区改造增设、购置、置换、租赁等方式开辟养老服务设施

续表

成文日期	政策名称	重点内容
2021年10月28日	《山东省住房和城乡建设厅关于印发山东省城镇老旧小区改造内容清单的通知》(鲁建房函〔2021〕13号)	基础类改造内容要应改尽改；完善类改造内容要能改则改；提升类改造内容要尽量改造。在年度预算中充分考虑老旧小区改造需求，列支财政补助资金，“面子”“里子”一起改，既要好看又要好住，确保改造效果，提升群众满意度
2021年5月31日	《山东省住房和城乡建设厅关于加强城镇老旧小区改造工程质量安全管理的通知》	严格履行基本建设程序，严禁“边设计、边施工”“边施工、边设计”，严厉打击串标、围标等违法行为，严禁违法违规发包工程、盲目压缩合理工期及造价，严禁擅自修改图纸、偷工减料或不按设计图纸施工，不得将工程交由无法定资质企业实施
2021年5月10日	《济宁市人民政府关于印发〈济宁市物业管理办法〉的通知》(济政发〔2021〕8号)	制定物业管理、缴费、社区业主自治相关规定，提倡旧住宅区实行物业管理。旧住宅区改造整治完成后，乡镇(街道)应当组织业主设立业主大会，由业主大会决定选聘物业服务人实施专业化、市场化的物业管理方式。业主大会成立前的物业管理，由社区居民委员会组织实施
2020年12月24日	《济宁市人民政府办公室印发关于推进城镇低效用地再开发的实施意见的通知》(济政办字〔2020〕78号)	针对第二次全国土地调查已确定为建设用地中的布局散乱、利用粗放、用途不合理、建筑危旧的城镇存量建设用地，编制城镇低效用地再开发专项规划，重点引导工业区、老旧小区连片改造，注重工业遗产保护与利用、老旧小区及周边区域综合改造提升，优先保障市政基础设施、公共服务设施等用地
2020年7月24日	《山东省城市建设管理条例》(2020年修正)	城市新区开发和旧区改造，必须把市政公用基础设施配套建设项目纳入建设和改造计划，做到同时设计、同时施工、同时交付使用。建设资金由城市人民政府负责筹集。其中属于供电、通信等设施建设所需的资金，由能源、通信等有关部门承担
2020年7月10日	《济宁市人民政府办公室关于印发济宁市支持城镇老旧小区改造十条措施的通知》(济政办发〔2020〕7号)	城镇老旧小区改造十项重点内容：优化规划设计、规范改造程序、提高审批效率、加大财政支持力度、盘活存量资源、专营设施建设合理分担、鼓励居民参与、创新融资模式、强化公共收益管理、加强后续长效管理
2020年7月9日	《山东省住房和城乡建设厅关于公布〈山东省城镇老旧小区改造技术导则(试行)〉的通知》(鲁建房字〔2020〕18号)(JD14-051-2020)	适用于2005年12月31日前在城市、县城(城关镇)国有土地上建成，失养失修失管严重、市政配套设施不完善、公共服务和社会服务设施不健全、居民改造意愿强烈的住宅小区，重点是2000年前建成的小区。不包括拟对居民进行征收补偿安置或者拟以拆除新建(含改建、扩建、翻建)方式实施改造的住宅。明确城镇老旧小区基础类、完善类及提升类改造内容，制定组织实施程序与标准，完善长效管理机制
2020年5月7日	《关于公布全省老旧小区改造重点项目名单的通知》(鲁建房函〔2020〕10号)	确定承担全国城镇老旧小区改造试点任务项目93个，承担“4＋N”[①]改造融资模式试点任务项目50个

① “4”即老旧小区四种改造方式和筹资模式：一是大片区统筹平衡模式；二是跨片区组合平衡模式；三是小区内自求平衡模式；四是政府引导的多元化投入改造模式。各地结合实际探索“N”种模式，引入企业参与老旧小区改造，吸引社会资本参与社区服务设施改造建设和运营等。

续表

成文日期	政策名称	重点内容
2020 年 4 月 17 日	《济宁市任城区人民政府办公室关于印发〈济宁市任城区公共投资建设项目审计监督管理办法〉的通知》（济任政办发〔2020〕5 号）	明确任城区公共投资建设项目审计职责、审计实施、审计结果运用和执行、责任追究
2020 年 3 月 6 日	《山东省人民政府办公厅关于印发山东省深入推进城镇老旧小区改造实施方案的通知》（鲁政办字〔2020〕28 号）	分基础、完善、提升三类，对老旧小区和周边区域的改造内容进行丰富和提升。基础类改造主要是拆违拆临、安防、环卫、消防、道路、照明、绿化、水电气暖、光纤、建筑物修缮、管线规整等，突出解决基础设施老化、环境脏乱差问题；完善类改造主要是完善社区和物业用房、建筑节能改造、加装电梯、停车场、文化、体育健身、无障碍设施等；提升类改造主要是完善社区养老、托幼、医疗、家政、商业设施以及智慧社区等。由市、县（市、区）确定老旧小区改造标准
2020 年 3 月 27 日	《山东省住房和城乡建设厅关于公布省财政支持老旧小区改造试点城市的通知》（鲁建房函〔2020〕2 号）	济南、淄博、烟台、潍坊、济宁、日照、滨州 7 市为省财政支持老旧小区改造试点城市。试点城市要以建设宜居整洁、安全绿色、设施完善、服务便民、和谐共享的“美好住区”为目标，高度重视试点项目建设工作，因地制宜，围绕重点、难点、堵点问题，积极探索，大胆创新，及时总结试点经验，做好试点示范与经验推广，按照要求及时报送试点项目工作进展和工作总结
2018 年 7 月 20 日	《山东省住房和城乡建设厅关于印发〈山东省老旧住宅小区整治改造导则〉的通知》（鲁建房字〔2018〕19 号）	城镇和工矿区中 1995 年前建成投入使用、配套设施较差、群众整治改造意愿强烈的住宅小区（组团、楼院），小区须位于城镇建成区内国有土地上，住宅为多层以上楼房，且主体建筑基本完好（不含危旧房），未列入未来 10 年内棚户区改造、征收拆迁、重大项目建设等计划。按照财政补贴、原产权单位分担、专营单位投资、业主适当承担的方式，筹集改造费用
2017 年 12 月 5 日	《济宁市人民政府关于市区国有划拨土地上的房地产转让审批有关问题的批复》（济政字〔2017〕140 号）	国有划拨土地上商业服务业用途的房地产转让，建筑面积小于 300 平方米的，可以参照划拨土地上住房转让的规定直接在不动产登记窗口办理。划拨土地上商业服务业用途的房地产转让应当缴纳的土地出让价款，按楼层计算，一层为建筑面积 × 基准楼面地价 ×40%，二层及以上楼层为建筑面积 × 基准楼面地价 ×20%，出让期 40 年，自缴款日起算
2017 年 2 月 16 日	《山东省住房和城乡建设厅　山东省发展和改革委员会　山东省财政厅关于印发〈山东省老旧住宅小区整治改造导则（试行）〉的通知》（鲁建房字〔2017〕4 号）	分为安防设施、环卫消防设施、环境设施、基础设施、便民设施。以街道办事处或社区居委会为单位，将辖区内老旧小区的物业管理整体打包，确定 1 家骨干物业企业接管，使其通过规模化经营降低成本。各县（市、区）政府组织发展改革、财政、规划、住房城乡建设、房管、城管（市政）、环保部门对整治改造方案进行联合审查通过后，即可组织实施
2016 年 6 月 4 日	《山东省住房城乡建设等部门关于认真做好全省老旧住宅小区专业经营设施设备改造升级及相关工作的通知》（鲁建发〔2016〕4 号）	按照“政府牵头、社会参与，长远规划、分步实施，统一设计、同步改造”的思路，强化政府总揽、上下联动、专营单位实施的组织推进机制，整治改造老旧小区时同步完成专营设施改造升级，全部实现由供水、供气、供电、供热、通信、有线电视等专营单位管理到户。专营设施产权未移交的，改造完成、验收合格后，经驻地街道办事处牵头组织召开业主大会或小区居民会议表决通过，将入户端口以外的专营设施产权无偿移交给专营单位，由专营单位负责维护和管理

续表

成文日期	政策名称	重点内容
2015年7月12日	《山东省住房城乡建设厅等关于推进全省老旧住宅小区整治改造和物业管理的意见》(鲁建发〔2015〕5号)	坚持“政府主导、业主参与、社会支持、企业介入”，通过公共财政支持、物业企业服务、原产权单位分担，引导业主自觉缴纳物业费，发动社会资金积极资助，与社区建设、社区管理紧密结合，扎实推进老旧住宅小区整治改造，有序扩大物业管理覆盖面，实现“百姓得实惠、企业得效益、政府得民心”。工作目标是：用五年时间推进全省老旧住宅小区整治改造和物业管理，2015年开展试点，2016年起整体推开，到2020年底基本完成整治改造，实现物业管理全覆盖
2015年6月4日	《山东省人民政府关于运用财政政策措施进一步推动全省经济转方式调结构稳增长的意见》(鲁政发〔2015〕14号)	选择基础条件较好、规模较大、易于实施、对市容市貌影响程度高、居民群众意愿强烈的老旧小区，组织开展城镇和困难工矿区老旧住宅小区综合整治改造试点。通过整治改造和规范专业的物业管理，彻底改变脏乱差面貌，让老旧小区群众感受到党和政府的关心和温暖

资料来源：根据济宁市政府官网整理

1. 政策脉络

2018年，山东省住房和城乡建设厅发布了《山东省老旧住宅小区整治改造导则》(下称《导则》)，确定了老旧小区“政府主导、业主参与、社会支持、企业介入”的改造原则，并规定了安防设施、环卫消防设施、环境设施、基础设施、便民设施等方面的改造内容，同时制定了物业管理企业的引进、管理、激励政策以及相应的扶持政策。根据规定，省、市、县（市、区）各级财政根据实际需求统筹安排一定资金用于市政公用基础设施、公共服务设施配套、安全防控系统建设和建筑节能改造；并可按照0.2~0.4元/平方米/月的标准对接管老旧小区的物业给予补助；此外，对累计接管老旧小区建筑面积10万平方米以上的骨干物业企业给予一定资金扶持。2020年3月6日，在《导则》内容基础上，山东省人民政府办公厅发布了《山东省深入推进城镇老旧小区改造实施方案》(下称《实施方案》)，确定了老旧小区改造的指导思想、改造范围、工作目标，并制定了“编制老旧小区改造计划、因地制宜制定改造标准、引导小区群众积极参与、强化专营设施协同改造、完善社区服务设施、提高项目审批效率、加强工程建设管理和物业管理”的实施手段。此外，《实施方案》还提出了“4+N”的创新改造方式和融资模式、加强规划统筹、土地支持政策、财政资金政策、不动产登记创新做法、信贷支持的配套措施，并规定了各项实施手段的责任单位。相比《导则》,《实施方案》进一步响应国家政策要求，细化了政府引导、企业进入改造项目的各项扶持政策和规定，完善了各方面配套政策的内容。

在此基础上，济宁市人民政府办公室 2020 年 7 月 10 日发布了《济宁市支持城镇老旧小区改造十条措施》(下称《十条措施》)，提出了包括优化规划设计、规范改造程序、提高审批效率、加大财政支持力度、盘活存量资源、专营设施建设合理分担、鼓励居民参与、创新融资模式、强化公共收益管理、加强后续长效管理的十条实施具体措施，与《实施方案》共同推进济宁市老旧小区改造进程。

(1)主要政策

济宁市老旧小区政策框架基于山东省城镇老旧小区改造方案，结合本地实际情况进一步细化。《实施方案》中“4+N”的改造方式与融资模式既吸收了各地老旧小区改造经验，又结合山东省实际情况进行了一定调整，为山东省老旧小区改造模式奠定了政策支持基础。同年 7 月 9 日，山东省住房和城乡建设厅发布了《山东省城镇老旧小区改造技术导则(试行)》(下称《导则》)，确定了老旧小区“政府引导、市场运作、因地制宜、协同改造，多方参与、共同缔造，完善机制、专项治理”的改造原则，并将改造内容分为基础类、完善类、提升类三大类分别制定标准。基础类改造内容包括建筑物修缮、供水、供电、燃气等专营设施、道路更新绿化、环卫、消防、照明等；完善类改造内容包括社区党群服务中心、各类服务用房、公共活动空间、适老化设施、停车位等；提升类改造内容包括养老、托育、医疗卫生、便民市场、家政服务网点、食堂等设施。此外，《导则》进一步确定了老旧小区改造完成后的管理机制，要求改造初期即确认物业管理模式，由街道办事处、乡(镇)人民政府负责组织业主成立业主大会，由业主大会决定物业管理模式。针对不同类别小区，可选择不同模式：“条件成熟的老旧小区，鼓励选聘专业物业服务企业实施规范物业管理；不具备条件的，划定物业管理区域后，也可通过委托国有公益性物业服务实体管理，由社区成立公益性市场化物业服务企业或实施准物业管理等方式，落实保洁、绿化、秩序维护等基础性物业服务；规模较小的零散老旧小区，可并入相邻小区实施统一管理。”在此基础上，各地可因地制宜制定老旧小区物业服务企业经营激励政策。《导则》在《实施方案》的原则下确定了改造技术标准与详细措施，进一步为老旧小区改造提供制度依据。

相比《实施方案》,《十条措施》针对济宁市具体情况作了更细致的改造支持。审批手续方面，建立了“一窗受理，一表审批”联合审查制度；财政支持方面，确定了电梯安装、物业服务的补助标准，梳理了其他匹配项目可用于老旧小区改造的资金来源，并明确要求专营设施单位承担产权所属部分的改造资金，如产权不属于专营单位，专营单位也应承担公共部位管线改造总费用的 50%；用地划拨方面，允许将行政事业单位、国有企业的闲置低效划拨土地及房产、国有零星空闲土地按程序通过调增容积率、改变土地用途后建设公共配套设施，并制定各种情况下的土地用途转移、划拨出让手续；融资创新方面，号召政策性银行和商业性银行进行战略合作，开发相关特色金融产品，发放各类贷款，加大对社会资本的信贷支持力度。总体而言，《十条措施》通过各类政策支持，极大释放了存量资源作为生产要素的活力，为社会资本参与老旧小区改造提供了强有力的资金与制度后盾。

（2）相关政策

除《十条措施》外，济宁市也有部分政策涉及了老旧小区改造，为改造工作带来一定支持。2017 年 12 月，《济宁市人民政府关于市区国有划拨土地上的房地产转让审批有关问题的批复》发布。2020 年 4 月，济宁市任城区人民政府办公室出台了《济宁市任城区公共投资建设项目审计监督管理办法》，明确了公共投资项目审计原则与程序。同年 12 月，济宁市人民政府办公室发布《关于推进城镇低效用地再开发的实施意见》，提出在编制城镇低效用地再开发专项规划时，可重点引导老旧小区连片改造，注重老旧小区及周边区域综合改造提升，优先保障低效用地转为公共服务设施用地，一定程度上支持了老旧小区完善类与提升类改造内容。2021 年 5 月，济宁市人民政府出台《济宁市物业管理办法》，确定了物业管理、缴费机制，并提出“旧住宅区改造整治完成后，乡镇（街道）应当组织业主设立业主大会，由业主大会决定选聘物业服务人实施专业化、市场化的物业管理方式”。通过一系列相关政策的出台，济宁市进一步完善了老旧小区改造的政策体系和制度内涵，为改造工作的推进提供了坚实基础。2021 年 12 月，《济宁市人民政府关于加快实施养老服务高质量发展“三年行动计划”的意见》（济政字〔2021〕87 号），提出老旧小区养老设施建设的改造标准。2022 年 8 月，《济宁市人民政府关于济宁市城市管理品质提升攻坚年的实施意见》（济政字〔2022〕34 号），将雨污分流、节能改造、弱电入地、停车泊位及公共充电桩等市政基础设施建设优先纳入改造范围。

2. 政策创新

相比北京市政策体系，济宁市老旧小区改造政策在融资、规划审批、财政支持上形成了独特创新点，推动改造项目顺利进行。

（1）“4+N”创新融资模式

“4+N”创新融资模式由山东省《实施方案》提出，并在济宁市《十条措施》得到贯彻实施。其在不增加政府隐性债务、保持房地产市场平稳健康发展、培育形成相对稳定现金流、引入社会资本的原则上，创新了山东省特色的老旧小区融资模式，主要包括“大片区统筹平衡模式、跨片区组合平衡模式、小区内自求平衡模式、政府引导的多元化投入改造模式及鼓励各地结合实际探索多种模式”，以吸引社会资本参与改造运营。该融资模式充分利用了多样化融资渠道，有助于企业低投入进入改造项目，吸引社会资本参与社区服务设施改造建设和运营等。

（2）创新规划、审批手续以提升效率

规划设计方面实行容错办理，审批方面建立“联审制度”。针对老旧小区改造需要新建、改建、扩建公共服务和社会服务设施的项目，经依法批准，纳入国土空间总体规划统筹解决；对列入老旧小区改造年度计划项目的立项、用地、规划许可、施工许可等手续，在提供相关要件材料基础上，可容许相关手续下延后补充办理。对老旧小区改造项目按照“一窗受理，一表审批”要求，建立项目审批绿色通道，建立联合审查制度，一次性完成项目审查审批手续。通过简化审批流程，提高审批效率，在现有规划要求下尽可能地推动老旧小区改造项目落地运行。

（3）增加物业费补贴、减轻企业改造运营负担

针对接管已改造老旧小区的物业服务企业，县（市、区）财政按照 0.15 元 / 平方米 / 月给予补助后，市财政统筹市以上财政资金按 0.05 元 / 平方米 / 月给予奖补，限期三年。当地物业收费标准相对较低，如康桥华居项目目前物业费为 0.5 元 / 平方米 / 月，物业公司前期仅依靠收取物业费维持运转有一定困难。通过物业补贴，对物业公司前三年给予一定支持，缓解运营压力，也一定程度上鼓励物业公司为居民提供优质服务，为后期物业提供部分收费项目，奠定民众基础，促进老旧小区物业管理与改造进入良性循环模式。

（四）重庆政策分析

1. 政策脉络

重庆市老旧小区改造与国家政策基本同步，2018 年前侧重棚户区改造，之后转向老旧小区改造，密集出台相关文件（表 2-7），从立法、标准、政策多个维度对老旧小区改造工作进行改革探索和规范管理。2018 年，重庆市政府确定的沙坪坝、九龙坡、南岸、渝中 4 区的老旧小区改造提升试点示范项目初见成效。2019 年，重庆市住房和城乡建设委员会、发展和改革委员会、财政局联合发布《重庆市主城区老旧小区改造提升实施方案》，将老旧小区改造提升试点示范范围扩大至主城各区，启动和实施改造提升示范项目 50 个。其确定了基础设施更新改造、配套服务设施建设改造、房屋公共区域修缮改造、小区直接相关相邻基础设施补缺改造提升和统筹完善社区基本公共服务设施共 5 大项 39 小项的综合改造内容和指导标准，确定了环境卫生、房屋管理及养护、安防及车辆管理、绿化管理、公共设施管理和物业管理监督公示共 6 大项 25 小项的管理提升内容及指导标准。2020 年，重庆市住房和城乡建设委员会发布《老旧小区改造提升建设标准》工程建设推荐性标准，规范老旧小区建设技术管理。2021 年，《重庆市城市更新管理办法》提出建设“近悦远来”美好城市，建立健全与城市存量提质改造相适应的体制机制和政策体系。遵循“政府引导、市场运作，改革创新、统筹推进，以人为本、共建共享”的原则。2022 年，重庆市规划和自然资源局发布《重庆市城市更新规划设计导则》，借鉴优秀城市更新案例，强调城市更新规划设计方案必须因地制宜，分类施策，具有极强的可操作性和示范性。

2. 政策创新

（1）规划管理

创新更新项目规划管理方式，推动建筑补偿、容缺办理等；服务产业发展、人居环境改善。对增加公共服务功能的城市更新项目予以建筑面积的支持，加装电梯、消防设施的建筑改造，其建筑间距满足消防间距即可。

（2）土地出让

创新更新项目土地出让管理方式，推动协议出让、带方案招拍挂等；服务城市更新实施。如城市更新过程中，在不改变使用权人的情况下，存量土地房屋转型发展特

重庆市城市更新政策一览表 表 2–7

成文日期	政策名称	主要内容
2022 年 6 月 25 日	《重庆市人民政府关于印发重庆市城市更新提升"十四五"行动计划的通知》（渝府发〔2022〕31 号）	遵循城市发展规律，坚持尽力而为、量力而行，把功能提升放在首位，注重把握城市有机更新中的"留、改、拆、增"原则，避免过度超前或重复建设。统筹发展和安全，强化底线思维，注重补短板、堵漏洞、强弱项，提升城市安全保障和韧性水平。坚持问题导向、目标导向、结果导向，动态评估城市更新提升实施效果，实时增补重点专项，在提升中完善，在完善中提升
2022 年 6 月 30 日	《重庆市住房和城乡建设委员会关于印发〈重庆市城市更新公众导则〉的通知》（渝建人居〔2022〕24 号）	提出城市更新路径与方法（城市体检评估：综合诊断系统问题；基础数据调查：梳理城市本底条件；片区策划方案：指引城市更新方向；项目实施方案：保障更新落地实施）、片区更新目标与指引、项目更新实施与建设 [老旧小区（街区）；老旧工业区；老旧商业区；历史文化区；公共空间等]
2022 年 6 月 30 日	《重庆市住房和城乡建设委员会关于印发〈重庆市城市更新基础数据调查技术导则〉的通知》（渝建人居〔2022〕22 号）	以"依法依规、系统全面、真实客观、数据共享、应用导向"为编制原则，明确基础数据调查的主体、范围、方式、流程、内容和数据标准等内容，指导各区政府（管委会）有序开展基础数据调查工作，统一调查成果形式，形成城市更新基础数据库
2022 年 3 月 15 日	《重庆市规划和自然资源局关于发布〈重庆市城市更新规划设计导则〉的通知》（渝规资发〔2022〕10 号）	本导则适用于重庆市主城都市区城市更新片区策划方案及项目实施方案的规划设计。片区策划方案按城市更新技术导则要求制定，应重点结合片区发展目标定位、业态分析及公共要素评估，提出更新方式及详细规划调整建议。项目实施方案应当包括更新方式、供地方式、投融资模式、可行性研究、规划设计（含规划调整）方案、建设运营方案、社会稳定性风险评估等内容
2021 年 12 月 1 日	《重庆市人民政府办公厅关于印发重庆市新型城市基础设施建设试点工作方案的通知》（渝府办发〔2021〕140 号）	以城市信息模型（CIM）基础平台为底座，推动数据互联共享，强化安全管控，加强重要数据资源的安全保障；全面推进 CIM 基础平台建设；实施智能化市政基础设施建设和改造；协同发展智能网联汽车；加快推进智慧社区建设；推动智能建造与建筑工业化协同发展；推进城市综合管理服务平台建设
2021 年 9 月 17 日	《重庆市中心城区城市更新规划》（2021）	提出负面清单。老旧小区：住宅建筑不能改为有噪声、光、油烟污染问题，严重影响小区环境的功能住宅建筑不能转变为影响小区安全的功能，包括易燃易爆产品及危化品的生产、加工、存储等。老旧厂区：工业园区外零星分布的旧工业用地及用房、旧仓储物流等老旧厂区，原则上不应继续发展加工制造功能，鼓励其转型发展为文化创意、健康养老、科技创新等新兴产业，不得引进有环境污染、安全隐患的业态和功能，不得引入造成周边城市交通负荷超载的功能业态。老旧街区：禁止进行违反保护规划的更新建设活动，不得引进有环境污染、消防等安全隐患的业态和功能
2021 年 9 月 14 日	《重庆市规划和自然资源局关于印发〈重庆市城镇房屋更新改造规划管理办法〉的通知》（渝规资规范〔2021〕7 号）	第二条　本市行政辖区内国有土地上具有合法产权的城镇房屋，经有资质的鉴定机构鉴定为危房，进行更新改造规划管理的，适用本办法。 第九条　对纳入城市更新范围内的危房进行更新改造的，其使用功能变更应当符合城市更新规划。对于非居住类危房，在符合规划原则、权属不变、尊重权益、满足安全要求等条件下，在取得保障性租赁住房相关批准文件后，允许在更新改造的同时，将房屋使用功能变更为保障性租赁住房。对于已建工业用地内的危房更新改造，在不改变使用权人的情况下，符合相关转型升级条件的，按程序经所在区县（自治县）人民政府批准后，可以转型发展文化创意、健康养老、科技创新等产业

续表

成文日期	政策名称	主要内容
2021年8月11日	《重庆市人民政府办公厅关于全面推进城镇老旧小区改造和社区服务提升工作的实施意见》(渝府办发〔2021〕82号)	坚持共谋共建共管共评共享；坚持政府引导、业主主责、多方参与；坚持同步提升社区公共服务水平；坚持引入社会资本，盘活存量，打通城镇老旧小区改造提升与租售通道；坚持完善长效管理机制；积极引入社会资本，整合利用土地、房屋等存量资源，合理拓展增值服务收益空间，鼓励探索“存房”业务，打通城镇老旧小区改造提升和租赁住房通道。强化金融税收政策支持。因地制宜统筹规划各区县改造提升项目，充分挖掘项目本身及配套设施收益空间，做好投入与收益平衡测算。加大金融支持力度，推动开发性金融机构和政策性银行发挥政策性金融优势，依法合规对实施改造提升的企业和项目提供信贷支持；鼓励商业银行创新合同能源管理融资、“绿色建筑改造贷”等金融产品，向参与城镇老旧小区改造的单位提供一系列用于绿色建筑设计、改造、技术创新等全生命周期的金融服务。探索创新渠道多元、预期合理、可持续发展的投融资模式，鼓励政府和社会资本合作(PPP)模式，依法择优选择规模化实施运营市场主体，共同推动改造提升。社会和民间资本参与改造提升，可依法依规享受税费减免优惠政策
2021年6月16日	《重庆市人民政府关于印发重庆市城市更新管理办法的通知》(渝府发〔2021〕15号)	城市更新应当遵循“政府引导、市场运作，改革创新、统筹推进，以人为本、共建共享”的原则，探索“受惠于百姓、放权于区县、让利于市场”的城市更新模式，通过优化空间布局，为新经济、新产业、新业态提供良好发展空间和载体，让人民群众在城市生活得更方便、更舒心、更美好；“三转”：转变发展理念、转变发展模式、转变政府职能；“三改”：改革审批权限、改革审批流程、改革政策制度；市规划自然资源局组织编制市级城市更新专项规划，确定城市更新目标、功能结构、规划布局等内容。 各区政府(管委会)组织编制本辖区的城市更新专项规划，在规划中明确划分更新片区范围，并纳入辖区国土空间总体规划。市住房城乡建委组织编制城市更新技术导则，提出片区策划指引和项目实施方案指引，明确相关技术要求，指导城市更新规范实施
2021年6月2日	《重庆市财政局关于下达2021年城镇老旧小区改造项目资金预算的通知》(渝财建〔2021〕97号)	项目资金请专项用于城镇老旧小区改造，具体使用范围按照财综〔2019〕31号文件规定执行，不得用于人员经费、公用经费、购置交通工具等支出。应实行专项管理、分账核算，按照规定统筹用于城镇老旧小区改造项目，并按照工作(工程)进度及时拨付资金，确保资金专款专用
2021年6月5日	《重庆市城市提升领导小组①办公室关于印发〈重庆市城镇老旧小区改造和社区服务提升项目管理办法(试行)〉的通知》(渝城办〔2020〕25号)	文件包括项目计划管理、资金管理、设计管理、实施管理、验收及移交管理等。区县住房城乡建设部门会同本辖区发展改革、财政等部门组织编制老旧小区改造提升年度计划及项目清单，报经区县政府同意后，分别报市住房城乡建委、市发展改革委、市财政局备案。不涉及新增建设用地的，无需办理用地预审与选址意见书、用地规划许可(或者建设用地规划审查意见)。非独立占地的项目无需办理用地预审和用地规划许可。不涉及土地权属变化的项目，可用已有用地手续等材料作为土地证明文件，无需再办理用地手续
2020年12月25日	《重庆市住房和城乡建设委员会关于发布〈老旧小区改造提升建设标准〉的通知》(渝建标〔2020〕48号)(DBJ50/T-376-2020)	包括术语、基本规定(基本要求、评估、方案与实施)、室外环境(公共空间、小区道路、绿地植被、景观风貌、雨水控制与利用)、房屋建筑(建筑、结构、设备、消防)、基础设施(小区管线、安防设施、消防设施、环卫设施)、社区服务设施及社区管理、施工与验收(施工、验收)等内容

① 2018年重庆成立了由市长任组长的重庆市城市提升领导小组，领导小组下设办公室在市住房城乡建委，具体负责落实城市提升领导小组议定的各项事宜和办公室的日常工作。

续表

成文日期	政策名称	主要内容
2020 年 9 月 9 日	《重庆市住房和城乡建设委员会关于印发〈重庆市城市更新工作方案〉的通知》（渝建人居〔2020〕18 号）	城市更新工作主要涉及以下五个方面：（一）老旧小区改造提升；（二）老旧工业片区转型升级；（三）传统商圈提档升级；（四）公共服务设施与公共空间优化升级；（五）其他城市更新情形。存量住房改造提升、存量房屋盘活利用等区域，符合城市更新适用情形的。按照“实施一批、谋划一批、储备一批”的原则，2020 年基本完成已启动的 2019 年度 1100 万平方米改造提升任务，同时再启动 2275 万平方米。到 2022 年，基本形成更加完善的城镇老旧小区改造提升长效工作机制和制度政策体系；到“十四五”期末，力争基本完成 2000 年底前建成的 1.02 亿平方米需改造城镇老旧小区改造提升任务
2020 年 6 月 5 日	《重庆市城市提升领导小组办公室关于印发〈重庆市全面推进城镇老旧小区改造和社区服务提升专项行动方案〉的通知》（渝城办〔2020〕14 号）	改造范围：2000 年以前建成的，房屋失养失修失管、市政配套设施不完善、社会服务设施不健全、居民改造意愿强烈的，位于城市及县城（中心城区）的住宅小区（含独栋住宅楼）和社区。按照 综合改造和 管理提升两种途径，着力打造“完整社区”“绿色社区”
2019 年 7 月 12 日	《重庆市主城区老旧小区改造提升实施方案》	按项目性质分为基础项、增加项、统筹实施项。其中：基础项重点解决群众生活基本问题，排忧解难，雪中送炭；增加项重点改善居住品质，体现城市提升导向，因地制宜；统筹实施项重点完善基本公共服务设施，优化资源配置，推动完善社区治理。建立“项目池”与“资金池”对接机制，对不超过土地使用权证、房屋所有权证（或房地产权证）载明的合法建筑面积和用地面积，不改变原使用功能，不突破原建筑基底范围和高度，且符合历史文化保护要求，与周边环境相协调的老旧房屋，可以局部改建
2019 年 7 月 2 日	《重庆市住房和城乡建设委员会　重庆市农业农村委员会　重庆市财政局关于开展农村旧房整治提升工作的通知》（渝建〔2019〕353 号）	在 2018 年已启动 10 万户的基础上，2019 年、2020 年分别再完成农村旧房整治提升 15 万户、20 万户；采取“拉网式、全覆盖”的方式，全面排查农村旧房；坚持统一要求与尊重差异相结合，突出地域特点、农村特色和风土人情；实行农户自愿申请、村委会初审、乡镇复核、区县审批制度
2017 年 6 月 8 日	《重庆市人民政府办公厅关于印发重庆市老旧住宅增设电梯建设管理暂行办法的通知》（渝府办发〔2017〕76 号）	城乡规划主管部门负责老旧住宅增设电梯的规划管理工作，国土、房管、城乡建设、消防、质监等行政主管部门依据各自职责负责老旧住宅增设电梯的监督管理工作。街道办事处、乡镇人民政府、居民委员会或者业主委员会等应当对老旧住宅增设电梯工作予以协助和协调
2016 年 1 月 28 日	《重庆市人民政府办公厅关于进一步加快推进国有企业棚户区改造工作的通知》（渝府办发〔2016〕12 号）	全市国有企业棚户区改造总任务为 3.68 万户、204 万平方米；加大财政补助力度；落实税费减免；加强金融支持；做好搬迁补偿；强化土地利用及规划保障；加强各部门统筹协作，明确责任
2015 年 7 月 31 日	《重庆市人民政府办公厅关于推进城市棚户区改造货币化安置的指导意见》（渝府办〔2015〕12 号）	按照“政府引导、居民自主、市场运作”的基本思路，遵循“等值交换”的原则，与城市棚户区改造居民签订货币补偿协议，同时给予政策支持，引导群众选择政府集中采购、政府组织购买的存量房屋，以满足群众多样化的安置需求

续表

成文日期	政策名称	主要内容
2015 年 4 月 28 日	《重庆市人民政府办公厅关于进一步推进城市棚户区改造工作的通知》（渝府办发〔2015〕64 号）	切实加强组织领导；进一步强化资金保障；各部门进一步加强统筹协调
2014 年 6 月 16 日	《重庆市国土房管局关于“三无”老旧住宅电梯改造更新补建物业专项维修资金的指导意见》（渝国土房管发〔2014〕7 号）	“三无”老旧住宅电梯改造更新补建物业专项维修资金工作可通过一次性建立、分年度建立、帮扶建立等指导意见，促进老旧住宅电梯维护管理长效机制的逐步建立，其他老旧小区参照执行
2013 年 8 月 22 日	《重庆市人民政府关于推进主城区城市棚户区改造的实施意见》（渝府发〔2013〕65 号）	从 2013 年起，用 5 年时间完成主城区范围内约 567 万平方米城市棚户区改造任务，涉及居民 7.21 万户；明确各部门责任分工并加强协同配合与监督管理，确保社会稳定
2011 年 4 月 12 日	《重庆市人民政府办公厅关于印发主城区旧住宅小区综合整治工作方案的通知》（渝办〔2011〕18 号）	包括房屋整治和环境整治。对已实施物业管理的小区，在整治过程中要进一步规范管理，提升物业管理服务水平；未实施物业管理的小区，整治后要建立长效管理机制，采取引入物业管理公司实施专业化管理，社区居委会组织小区管理，也可引导居民成立业主委员会实行业主自治管理等方式加强整治后小区的后续管理
2010 年 6 月 28 日	《重庆市人民政府办公厅关于进一步明确主城区危旧房和中央下放煤矿棚户区改造有关政策的通知》（渝办〔2010〕41 号）	主城区危旧房改造和煤矿棚户区改造免收 6 项行政性收费；主城区危旧房改造拆迁“捎带”量土地出让金和城市建设配套费减免额度由“拆 1 免 2”调整为“拆 1 免 2.5”；煤矿棚户区改造及新建安置房涉及的管线搬迁、建设费用由多方共同承担

资料来源：作者根据政府官网整理

定政府扶持产业，经所在区县（自治县）人民政府批准后，可转型发展特定产业。在符合规划，转型升级满 5 年，土地使用权可不收回，按申请时点的地价政策补缴地价款，如城市更新项目中的“边角地”“夹心地”“插花地”等零星的不具备单独建设条件的土地，可与周边用地整合实施，其中涉及经营性用途的以协议方式办理土地手续。

（3）产权登记

创新更新项目产权登记制度，提出保留建筑首次登记制度等；服务历史文化保护、产业发展。如因风貌保护、建筑保护等需要，在国有建设用地划拨决定书或者出让合同中明确应当予以保留的房屋，当事人可以在申请建设用地使用权首次登记时一并申请房屋所有权首次登记，也可以与该国有建设用地上其他新建房屋一并申请房屋所有权首次登记，并在不动产登记簿中注明相关事实。如城市更新涉及国有土地使用权及房屋所有权变动的，可通过协议搬迁、房屋征收、房屋买卖、资产划转、股份合作等方式实施；城市更新不涉及国有土地使用权及房屋所有权变动的，可通过市场租赁方式取得原建筑使用权；城市更新既不涉及国有土地使用权及房屋所有权变动，也不需要取得原建筑使用权的，经充分征求原建筑权利人意见后依法实施。

（五）制度创新总结

城市更新的稳步推进需要强有力的制度支撑，通过北京、济宁、重庆三个主要调研城市及网上收集其他城市相关信息，总结当前城市更新管理制度创新。

1. 组建城市更新机构，简化行政审批流程

对于城市更新需求较为迫切的城市，适时整合规划、建设有关部门的行政资源，组建城市更新管理机构（如城市更新局，深圳、广州①、上海、中山、湛江、沈阳各区县）或协调机构（如城市更新领导小组，办公室一般设在住房和城乡建设局或住房和城乡建设委员会），负责城市更新项目的全流程审批许可工作，降低项目经办人辗转在不同部门之间办事的时间成本。2018 年，北京市机构改革设立市委城市工作委员会，市委书记任主任，市长任副主任，下设城市更新专项小组，设有推动实施、规划政策、资金支持三个工作专班，负责部署年度重点工作，协调支持政策，督促工作落实。各区政府成立城市更新专项工作小组，统筹协调实施城市更新。

一些城市按照分类管理理念，对更新项目进行类别定位后，对涉及微改造、部分修缮、功能补充且符合城市规划的更新项目、向公共服务设施用地转变的更新项目简化审批程序。如 2019 年 4 月，北京市政府办公厅下发《关于优化新建社会投资简易低风险工程建设项目审批服务的若干规定》，提出以下审批流程规定：一是规定适用范围。未直接使用各级公共财政投资进行建设，地上建筑面积不大于 2000 平方米，地下不超过一层且地下建筑面积不大于 1000 平方米，功能单一的办公建筑、商业建筑、公共服务设施、普通仓库和厂房，推行“一网通办”，实行“一表式”申请和受理。二是

---

① 2015 年广州市城市更新局正式挂牌成立，根据《广州市机构改革方案》（穗字〔2019〕1 号）安排，2019 年城市更新局被撤并。

精减审批事项。取消办理建设项目规划条件，建设单位可直接申请办理建设工程规划许可。规定城市更新项目不纳入环境影响评价管理，无需开展交通影响评价、水影响评价、节能评价、地震安全性评价等评估评价工作，免于修建防空地下室和缴纳易地建设费。三是压缩审批时限。建设工程规划许可、建筑工程施工许可证办理时限不超过 5 个工作日。建设项目需要附属小型市政公用设施接入服务的，实行零上门、零审批、零投资的“三零”服务。四是优化质量安全管控方式。将施工图联审由事前审查调整为事中抽查监管。五是实行“多测合一”。取消建设项目人防、交通、竣工档案验收，以及水、电、气、热等工程验收，实行联合验收。

2. 推进城市更新立法，制定更新标准体系

部分省市相继出台了城市更新管理办法等政策文件，如《深圳市城市更新办法》（2009）、《珠海市城市更新管理办法》（2012）、《中山市城市更新管理办法》（2012）、《广州城市更新办法》（2015）、《广东省旧城镇旧厂房旧村庄改造管理办法》（2020）、《成都市城市有机更新实施办法》（2020）、《重庆市城市更新管理办法》（2021）、《石家庄城市更新管理办法》（2021）、《宁德市城市更新实施办法》等。部分省市进行立法，出台城市更新条例，如《深圳经济特区城市更新条例》（2020）、《上海城市更新条例》（2021）、《广州市城市更新条例（征求意见稿）》（2021）、《辽宁省城市更新条例》（2022）、《北京市城市更新条例》等。《北京市城市更新条例》于 2022 年 2 月正式启动，2022 年 11 月 25 日通过审议，提出通过城市更新专项规划和相关控制性详细规划对资源和任务进行时空统筹和区域统筹，通过国土空间规划“一张图”系统对城市更新规划进行全生命周期管理，统筹配置、高效利用空间资源。要求市规划自然资源部门组织编制城市更新专项规划，并纳入控制性详细规划。《深圳经济特区城市更新条例》（2020）强调深圳市的城市更新由政府和市场“双轮驱动”，即在坚持政府统筹的前提下，实行市场化的运作模式，由物业权利人自主选择开发建设单位负责申报更新单元计划、编制更新单元规划、开展搬迁谈判、组织项目实施等活动，充分发挥市场在资源配置中的决定性作用，保持城市更新活力。同时，明确重点城市更新单元开发和成片连片改造，以及市场难以有效发挥作用情形下的城市更新由政府组织实施，突出政府的统筹谋划和系统布局，确保社会公共利益和城市发展长远利益的实现。创设了“个别征收＋行政诉讼”机制，打破了城市更新项目推进中实施拆迁的“双百标准”

基本原则，规定旧住宅区已签订搬迁补偿协议的专有部分面积和物业权利人人数占比均不低于95%，且经区人民政府调解未能达成一致的，为了维护和增进社会公共利益，推进城市规划的实施，区人民政府可以依照法律、行政法规及本条例相关规定对未签约部分房屋实施征收，提供了维护公共利益的基本路径。《上海市城市更新条例》（2021）规定建立更新统筹主体遴选机制。市、区人民政府应当按照公开、公平、公正的原则组织遴选，确定与区域范围内城市更新活动相适应的市场主体作为更新统筹主体。更新区域内的城市更新活动，由更新统筹主体负责推动达成区域更新意愿、整合市场资源、编制区域更新方案以及统筹、推进更新项目的实施。市、区人民政府根据区域情况和更新需要，可以赋予更新统筹主体参与规划编制、实施土地前期准备、配合土地供应、统筹整体利益等职能。《辽宁省城市更新条例》对扩大城市绿色生态空间、市政基础设施和公共服务设施提升改造、海绵城市建设、提高城市空间资源利用效率、城市建设和治理全面数字化转型、既有建筑和公共空间更新、公共停车场（库）建设、保护和合理利用历史文化资源等城市更新应当重点把握的问题进行了适当规定，并为各市结合实际实施城市更新预留应有空间。《北京市城市更新条例》明确城市更新规划的专项规划属性，明确住房城乡建设部门负责综合协调全市城市更新实施工作，规划自然资源部门负责组织编制城市更新相关规划并督促实施，区人民政府负责统筹推进、组织协调和监督管理本行政区域内城市更新工作，街道办事处、乡镇人民政府组织实施本辖区内街区更新等主体责任等。

城市更新标准体系涉及基础标准、补偿标准、收费标准、技术标准、管理标准等内容。针对城市更新基础数据，2017年广州市城市更新局出台《广州市城市更新基础数据标准与调查工作指引》。重庆市出台《重庆市城市更新公众导则》《重庆市城市更新基础数据调查技术导则》《重庆市城市更新规划设计导则》等技术标准，突破传统标准形式，结合典型案例形成可阅读、可借鉴的地方技术标准。针对收费标准，《中山市城市更新局　中山市财政局关于联合发布我市城市更新（“三旧”改造）项目主要涉及的行政事业性收费和政府性基金目录的通知》（中山更新发〔2020〕54号），明确行政事业性收费涉及自然资源的不动产登记费、村镇基础设施建设配套费，城管执法的城镇垃圾处理费、绿化补偿费、恢复绿化补偿费、城市道路占用挖掘修复费，水务的污水处理费，住建的防空地下室易地建设费；政府性基金涉及自然资源的城市基础设施配套费。

3. 建立区域统筹机制，构建多元参与平台

各地在实践探索过程中，根据更新改造区域的实际，搭建协商平台，实现成本共担利益共享机制：一方面，打破仅在规划过程征求民意的传统做法，利用城市更新工作坊等新的协商形式，促进多元主体主动投身城市更新过程中，探讨多元主体利益的最大化，如《重庆市城市更新公众导则》；另一方面，转变由政府主导的城市更新方式，鼓励社区企业、微利企业介入城市更新项目中，降低政府财政负担的同时，通过市场提供的优质服务提升更新改造的质量，同时保障市场在此过程中获得利润，实现政府与市场的共赢。同时实现区域统筹，建立投入回收资金平衡机制。北京市、重庆市、济宁市等均建立了城市更新区域统筹机制，实现投入回收资金平衡机制。如《重庆市城市更新管理办法》提出城市更新可探索在辖区范围内跨项目统筹、开发运营一体化的运作模式，实行统一规划、统一实施、统一运营。受特殊控制区等影响的城市更新项目报经领导小组同意后，可通过全域统筹、联动改造实现异地平衡。《北京市城市更新条例》提出多个相邻或者相近城市更新项目的物业权利人，可以通过合伙、入股等多种方式组成新的物业权利人，统筹集约实施城市更新。要求推动街区更新，整合街区各类空间资源，统筹推进居住类、产业类、设施类、公共空间类更新改造，补短板、强弱项，促进生活空间改善提升、生产空间提质增效，加强街区生态修复。

| 三 |

城市更新的问题解析

（一）问题引入

1. 如何建构城市更新管理的理论基础与发展理念?

城市更新具有以下特征：一是类型多样。从城市更新客体角度，城市更新包括历史文化街区更新改造、城中村更新改造、旧城镇更新改造、旧工业区更新改造、老旧小区更新改造等多种类型；从城市更新执行手段角度，分为拆迁重建型、功能提升型、微改造型三种主要类型；从城市用地性质角度，分为用地性质更改型和用地性质维持型。二是主体多元。城市政府层面，老旧社区整体体量过大，财政负担重，改造效果缺乏维护，缺乏项目统筹规划，造成返工、重复施工，但不得不干的情况发生。街道社区层面，权力小，缺少资金支持，缺乏专业部门支持，难以实现全面改造提升，缺乏专业管理、服务团队，不知咋干。产权单位层面，缺乏时间、精力管理老旧小区，缺乏经费，依赖政府，缺乏专业实施能力。社会居民层面，居民对于改造目标诉求多元，差异较大；居民对于改造施工过程造成不便的不理解；居民付费意识较低，物业费难以征收。基于扩张型的城市建设实践转型为基于收缩型的城市更新探索，需要系统的基础理论和基本理念支撑。新发展阶段的城市更新，相关的理论基础也来自于不同的学科，包括城市规划、城市设计、建筑设计、风景园林、城市经济、城市管理和城市社会学等学科领域的学科交叉，在思想上呈现由物质决定论的形体主义规划思想逐渐向协同理论、自组织规划等人本主义思想的发展轨迹；在发展理念上更强调整体性、系统性和持续性。处理好“局部与整体”“新与旧”“地上与地下”“单方效益与综合效益”“近期与愿景”等多重关系，构建以人为本和高质量发展的新格局[①]。

2. 如何明晰城市更新管理的统筹策略与管理逻辑？

城市是一个高度复杂的、动态的系统，需要面对历史叠加形成的建成环境，以及相关的权利归属、社会关系、文化内涵等更错综复杂的综合现状，不仅是物质空间环境改造问题，更是权益重构、社会治理和文化续扬等系列历时性、同时性并置的问题集合。城市更新经过多年的实践探索，虽然有一些突破性的进展，但仍以散点式、项目式、暂时性更新为主，以满足局部地区的短期政府要求、企业诉求、居民需求为主，缺乏系统性的更新路径。有些更新的老旧小区虽然在部分物质空间、物质建成上实现了更新，但其背后蕴含的社会问题、环境问题、可持续性问题等并未得到系统性、长远性的解决，面临改不动、改不好、改不全的困境。同时，现存的老旧小区尚未更新完成，新的老旧小区又不断形成。2000 年以后建成的一些商品房小区、保障性住房小区的更新改造也将不断纳入城市更新范围，亟待建构前瞻性的更新策略、系统性的更新逻辑、科学性的更新标准、可行性的更新路径、适宜性的更新尺度。

3. 如何实现城市更新管理的制度重构与机制创新？

当前城市更新制度与传统开发制度体系截然不同，谁来改、改什么、怎么改、何时改等几个核心制度问题没有解决：一是缺少回收成本的路径设计。政府付出巨额成本，更新后获益的主体往往是市场，政府缺乏获益渠道，导致后续增加公共服务空间、提供保障性住房等可持续更新目标难以实现。二是缺乏适宜实施的主体设计。城市更新实施主体主要是政府和地产类企业，政府的无收益更新和企业的获益更新都制约城市更新进程的有效推进，缺乏微利社区企业的培育。三是缺乏维护公共利益的手段。城市更新行动往往会由于少数人的反对而停滞，缺乏适应性、强制性的制度设计。四是城市更新的规划建设乃至管理因袭扩张式城市建设逻辑，缺乏许可范围、许可程序的科学研究、分类管控和标准规定，导致原本改造周期较短的项目长期停滞于获取许可、居民博弈等过程中，城市更新效率低下。五是缺乏实施计划的长效保障机制，规模较大、重建周期长的更新项目存在被中途叫停的风险。六是缺乏对复杂产权地块的处理

① 阳建强．新发展阶段城市更新的基本特征与规划建议 [J]. 国家治理，2021（47）：17-22.

机制，导致更新项目陷入僵局。同一地块拥有多家产权单位，传统单位制的管理模式与商品房物业管理模式相冲突[①]，沟通协调的成本极大，成为空间有效利用的最大障碍（图3-1）。既有建设项目合法性受到原有管理体制的制约难以有效判别，以“强拆”“抗拆”为代表的更新主体间利益矛盾尖锐，城市更新难以推进，需要建构主体责任清晰、程序制度规范、目标合作达成、行动逻辑一致的配套性制度体系和运行机制。

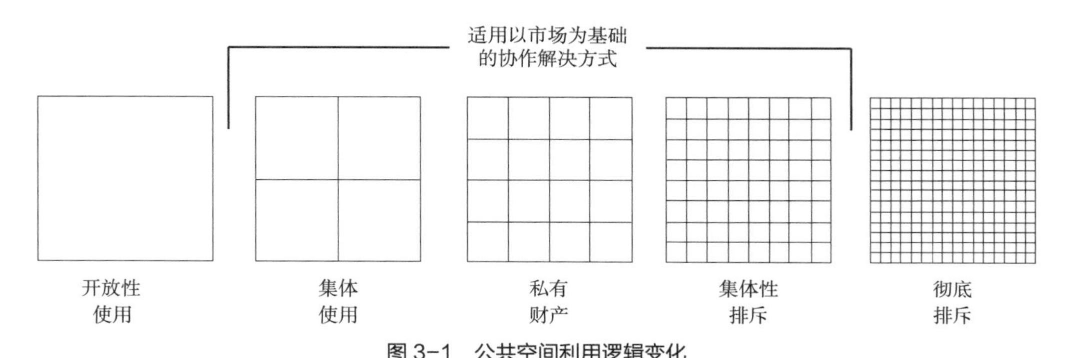

图 3-1 公共空间利用逻辑变化

图片来源：栾晓帆，陶然．超越“反公地困局”——城市更新中的机制设计与规划应对 [J]. 城市规划，2019，43（10）：37-42.

（二）原因解析

1. 核心性问题在于统筹协调不足

城市更新改造更新主体多元，涉及国家对地方的政治安排，《重庆市城市更新公众导则》（2022 年）提出政府机构出台更新政策、搭建更新平台，城市市民提出更新诉求、积极建言献策，政府平台 / 市场开展具体项目的更新与运营工作，设计团队 / 专家为不同类型的更新方案提供智力支持，金融机构为更新项目提供资金支持等笼统性的说明。事实上，政府涵盖不同层级和不同部门，以老旧小区为例（图 3-2），在责任主体上存在上级政府责任单位职责交叉、基层实施主体职能有限、基础设施部门计划不同步、产权主体制度僵化等问题。

（1）市级责任单位职能交错，政策统筹难度较大

城市更新改造目前涉及规划、财政、民政以及各专项部门，需要多个部门之间互

① 如果某一资源拥有很多所有者，而资源必须整体使用时才最有效率，由于每个人都有权利阻止他人使用，合作难以达成则会导致资源浪费，从而陷入“反公地困局”。

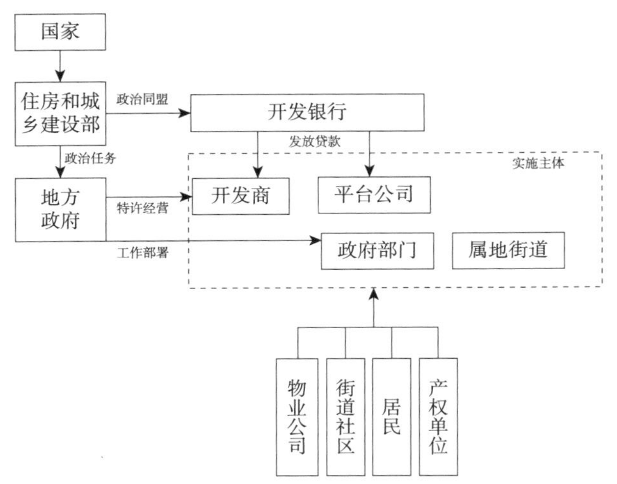

图 3-2 老旧小区更新涉及多元利益主体示意图
图片来源：作者自绘

相协调配合。以北京市老旧小区改造为例，《老旧小区综合整治工作方案（2018—2020年）》提出建立老旧小区综合整治联席会议制度，联席会议成员单位包括市住房城乡建设委、首都综治办、市发展改革委、市民政局、市公安局、市财政局、市规划国土委、市城市管理委、市交通委、市水务局、市社会办、市国资委、市园林绿化局、市城管执法局等单位和各区政府，还包括金融、市政基础设施、公共服务设施等行业。《北京市"十四五"时期老旧小区改造规划》《北京市城市更新行动计划（2021—2025年）》《北京市城市更新条例》等对单位职责进行了责任划分，区政府负责统筹推进，街道办事处、乡镇人民政府应当充分发挥"吹哨报到"、接诉即办等机制作用，组织实施本辖区内街区更新，梳理辖区资源，搭建城市更新政府、居民、市场主体共建共治共享平台，调解更新活动中的纠纷，组织协调和监督管理本行政区域内城市更新工作，由于街道、乡镇政府行政层级较低（图 3-3），难以协调上级各部门、产权单位、基础设施运营企业。

首先，由于改造事项涉及范围广且复杂，单项政策的制定和推动通常有多个牵头单位，难以具体落实到某一成员单位上，加之具体实施单位多模糊地指定为各区政府，各项政策的制定和推行在制度上还缺乏明确的路径。其次，从各地实践来看，存在更新方式划分类型不一、理解不同等问题，还需要国家层面的政策统筹与指引[①]。以北京市《城市更新行动计划（2021—2025年）》《2021年北京市老旧小区综合整治工作方

① 王嘉，白韵溪，宋聚生.我国城市更新演进历程、挑战与建议[J].规划师，2021，37（24）：21-27.

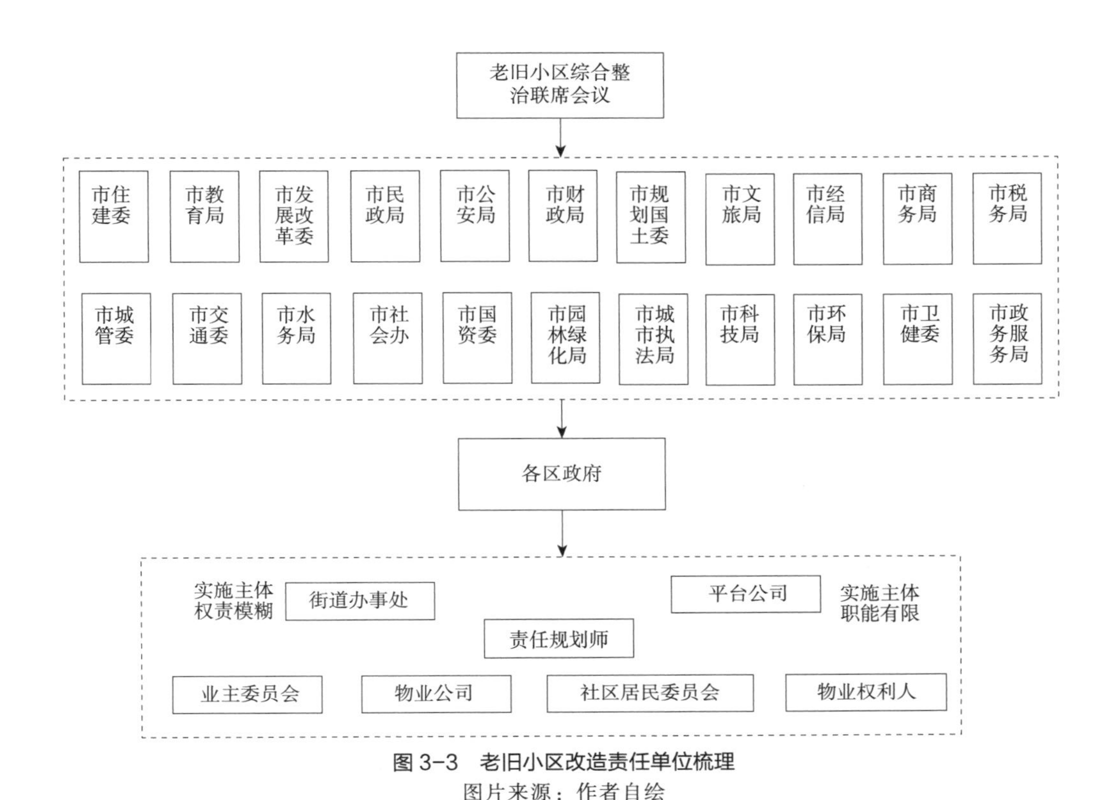

图 3-3 老旧小区改造责任单位梳理

图片来源：作者自绘

案》中整治政策制定清单为例，各项政策的制定基本除众多配合单位以外，多由两个及以上市级行政部门负责（表 3-1），从长期发展来看，增加了政策制定和推行难度。同时，政府部门间行政能力和管理思路存在差异，以劲松北社区为例，其作为北京市老旧小区改造的示范项目，有大量做法得到政府部门支持，也需要各部门之间互相配合，改造过程中需要经历大量协商沟通过程，无形中增加了时间成本，给改造工作带来一定难度。

北京市老旧小区更新规划责任主体与建设类政策清单 **表 3-1**

部门	责任与任务
住房城乡建设	综合协调本市城市更新实施工作，研究制定相关政策、标准和规范，制定城市更新计划并督促实施，跟踪指导城市更新示范项目，按照职责推进城市更新信息系统建设等工作。街区单元更新任务、街区更新规划综合实施方案、适老化改造和无障碍环境建设指导意见、引入社会资本指导意见、优化和完善工程招标投标的指导意见、加强工程质量安全管理的措施、住宅专项维修资金补建续筹政策措施、建筑用途转换及土地用途兼容相关政策、住房公积金支持城市更新项目政策、城市更新建筑管理政策、缺陷保险相关政策

续表

部门	责任与任务
规划自然资源	城市更新专项规划、公共服务。老旧小区综合整治技术导则、城镇棚户区改造项目规划综合实施方案备案、审批路径的相关政策、危旧楼改建配套政策及设施、基础设施、公共安全设施的容积率奖励与转移等政策、存量房屋设施改造的规划土地支持政策、建筑用途转换及土地用途兼容相关政策、缺陷保险相关政策
发改委	城市更新项目立项政策
税务	税费减免政策、建筑用途转换及土地用途兼容相关政策
卫生健康	建筑用途转换及土地用途兼容相关政策
生态环境	建筑用途转换及土地用途兼容相关政策
文化旅游	建筑用途转换及土地用途兼容相关政策
市场监管	建筑用途转换及土地用途兼容相关政策
人防	城乡建设用地功能混合相关政策
交通	城市更新项目整合捆绑实施规则和路径等政策
公安	建筑用途转换及土地用途兼容相关政策
消防	建筑用途转换及土地用途兼容相关政策
房管	城市更新项目不动产登记政策
财政	城市更新土地收入、投融资政策
保险	缺陷保险相关政策
金融	缺陷保险相关政策、城市更新项目抵押贷款等金融政策、城市更新专项基金使用政策
城管委	管线改造政策
重大项目办	城市更新项目整合捆绑实施规则和路径等政策，纳入各区项目储备库的小区内水、电、气、热各类管线纳入市重大项目储备库
街道办事处	街道办事处（乡镇政府）是群众工作第一责任人，是组织和推动拆违工作第一责任人，是老旧小区改造申报第一责任人，是完善社区治理工作第一责任人

资料来源：作者根据政策文件总结

（2）基层实施主体权责模糊，资源动用能力有限

基层实施主体一般为街道乡镇或住建部门。以北京市为例，根据《北京市老旧小区综合整治工作手册》，街道办事处负责组建小区自治组织，社区居民委员会协助街道办事处联系业主确定小区物业管理模式、企业、内容、费用等事项；在物业服务企业招标投标方面，街道办事处可在区房屋行政主办部门提供的名单中选择。此外，《北京市城市更新行动计划（2021—2025 年）》原则性规定“各区政府落实主体责任，组织街道乡镇将各项任务落地落细落实”。作为政策落地的基层责任主体，街道办事处、业主

委员会、社区居民委员会的具体职责并未落实清楚，鉴于我国居民群体的自我意识和组织基础较弱，实践中经常出现由街道办事处全权负责的情况。而街道办事处属于派出机构，职权有限，对于资源的调用、项目的具体推动缺乏与责任相匹配的执行权力，在一定程度上降低了社会资本“改造＋管理＋运营”运行模式推进效率。同时，城市更新需要基层提供大量的人力，市场化改造方案、物业公司入驻均需征求居民意见、维系群众关系，对人力成本投入具有较高门槛。以劲松北社区为例，其总面积 19.5 万平方米，常住人口近万人，但居委会干部只有 14 名，和群众紧密联系存在一定困难。

（3）参与单位遵从上级指令，计划难以协调统一

按照《国务院办公厅关于全面推进城镇老旧小区改造工作的指导意见》（国办发〔2020〕23 号）的要求，多元统筹、社会参与是一种理想化的状态，多元主体没有同步发力，如水、电、气、通信等运营商部分是央企，行政级别高，自成体系，有自身的年度工作计划，与城市更新计划不一定同步。城市基础设施涉及的各类管线种类繁多，水、电、气、热、通信分属不同的行政管理部门，电、通信等为中央部门管理，水、气、热多以地方的管理为主，但各类城市针对地下管线没有统一的管理体制，立项计划权集中在城市建设行政主管部门，存在严重的“重地上、轻地下、重审批、轻监管、重建设、轻养护”的管理弊端。一般城市内部管线的行政管理单位主要是建委、规划局、公用局，依据这三个部门的三定方案，规划局负责管线工程的路由审批，建委负责道路挖掘审批，公用局是行业管理，主要负责供给与需求的协调。这种条块式、缺乏统一的规划和管理模式，人为地分割了管线工程的全过程管理，各部门管理职能交叉、分散，掌握的信息不对称。现行体制下城市各种地下管线规划、设计、施工、维护和管理都属于各种管线的产权单位，各行政主管部门只负责自己所管辖的审批过程，看似有管理，实际上没有真正控制。尤其是工程的质量，从设计、施工、竣工验收，到建成后的管线日常维修养护管理，基本是管线单位自己内部运行，管线处于无序管理状态，从日常更新维护角度，行业计划独立运行，对综合统筹的要求极高。以北京市为例，市政基础设施改造涉及的主要行政主管部门包括城市管理委、通信管理局、市水务局、排水集团、市财政局、市住房城乡建设委、市住房资金管理中心、市政务服务局等，涉及众多运营企业，协调难度较大。

（4）居民成分复杂，难以形成统一的集体行动

老旧小区普遍缺乏清晰的公共事务管理合约，未明确公共品的供给方。我国老旧小区集中兴建于20世纪80—90年代，在当时的住房管理制度下，房屋由国有单位建设并以低租金的福利形式分配给员工及其家属居住，房屋的产权归属于单位，房屋维护和物业管理主要由单位主导负责。随着20世纪90年代公有住房出售政策和住房货币化分配政策的陆续实施，符合条件的公有住房逐步出售给职工，职工住房由国家统管逐步向市场化过渡，使得此类居住小区无人管理或者低水平管理。长期单位制管理也使得老旧小区居民形成单位保障性管理理念，养成依赖单位解决问题的习惯。部分单位出于国有性质和维稳需要的考虑，无法完全退出老旧小区的管理，一定程度上维系了这种局面。随着居住质量的下降，老旧小区人口老龄化严重，人员混杂，流动性大，房屋出租现象普遍，造成复杂的私人与私人，私人与建设者或管理者契约关系，无法构成一个老旧小区改造的集体行动。

对于小区居民而言，居民始终处于被动参与状态。居民仅在前期设计方案提供意见、施工改造期间反映意见两个环节发挥个人能动性，大部分情况下参与感和积极性较低。虽然改造过程中强调居民参与的重要性，改造企业也做了相应的居民调研，但整体改造政策依然是以自上而下的逻辑进行的。居民对于进驻的物业公司保持警惕心理，由于缺失了反馈渠道与沟通积极性，只能通过拨打12345、拒交物业费等消极形式表达自身的不满或抗拒。在此背景下，居民意见难以达成真正一致，如对于小区休憩用地的修建选址、道路维修等难以形成统一意见，一定程度上降低了改造工作效率，也给后期物业管理机制的运作带来了难度。同时，调研的大部分项目中，社区居民大半属于原央企、国企职工，未接触过物业收费改造模式或原有物业单位提供服务质量较低，对于物业公司进驻存在一定抵触情绪。由于疫情期间施工周期较长，部分老年住户受到干扰时间较长，投诉情况较多。此外，居民针对改造内容意见并不统一，如在下水道改造、加装护栏等项目上并不是所有居民都同意改造，一定程度上降低了项目改造效率，增加了改造企业的施工时长。

（5）产权单位类型复杂，缺乏改造积极性

老旧小区市场化改造中涉及的原产权主体众多，既包括了小区享有住宅产权的原住民，也包括了闲置低效空间资产的原产权单位。原产权主体在整体改造中承担的功能较弱，多数以被动形式参与，其面临问题给改造带来了隐性障碍。对于闲置低效空间资产原产权单位而言，其难以参与到改造收益中。空间资产的使用协议签订一般在原产权单位和区政府、街道之间，再由政府与改造企业签订使用协议。对于原产权单位而言，闲置资产受限于相关制度规定，难以将空间直接转作商用进行市场化交易，大部分情况下也被排除在老旧小区改造收益分享外，故大部分产权单位参与改造积极性不高，需要改造企业与政府进行长时间协调，提高了交易成本。现有调研案例中，闲置低效存量空间一般通过和街道办事处签订使用权转让合同后，由街道办再将使用权转让给企业，且考虑到私营企业使用会带来国有资产流失的风险，基层政府部门及国有产权单位不得不谨慎处理产权转移工作。

（6）改造企业前期投入大，微利不可持续

改造企业以微利可持续为目标，在获得低效闲置空间运营权基础上补充老旧小区改造中政府难以满足的资金缺口，并承担了施工、物业管理等任务，是市场化改造中的主体角色。目前改造企业主要面临前期资金投入和人力资本量大、居民抵触情绪较高等问题，加上制度瓶颈，影响改造企业参与的积极性。目前北京市老旧小区市场化改造需要改造企业承担大部分改造资金，也需要改造企业承担相应的协调工作，前期方案制定、中间施工过程均需要与居民协商、与政府沟通、与业主谈判等，无形中增加大量人员的投入，提高改造企业人力成本，加之投资周期长，前期收益较低，相对而言企业的交易成本和准入门槛高。

（7）财政资金有限，市场融资艰难

2000 年以前建成的居住小区总面积为 65 亿平方米左右，所需改造资金在 3 万亿元以上。目前老旧小区改造以政府财政资金为主，居民筹资、市场化融资等占比较低。2020 年，地方财政收支不断收紧。“十四五”期间城镇老旧小区改造工作将全面展开，依靠财政兜底的融资改造模式将难以维系。2020 年 7 月，《国务院办公厅关于全面推进城镇老旧小区改造工作的指导意见》（国办发〔2020〕23 号）提出“建立改造资金政府与居民、社会力量合理共担机制，持续提升金融服务力度和质效，推动社会力量参与”。各级政府虽然都十分重视老旧小区改造市场化融资的政策支持，但市场前景并不乐观，主要是项目复杂，低利润长周期，具有非常多的可变性，对社会资本吸引力不足，政府配套性资金政策并不明晰。同时，老旧小区改造具有长期惠民型社会事业属性，亟须长周期低成本银行融资产品的支持。目前我国金融机构尚未形成运营权质押类的成熟产品、审批流程和风控标准，社会力量在以运营权向金融机构申请贷款支持时，需要满足足额资产抵押和较高担保措施等硬性要求，担保公司也要收取较高担保费并提供反担保措施。

2. 关键性问题在于长效机制缺失

（1）资金类政策对于经营性空间覆盖不足

老旧小区改造涉及楼本体改造、管网改造、物业服务、经营性空间改造等多个环节。但目前的税收优惠主要集中养老、托育、家政等社区家庭服务业方面，财政资金补贴主要集中在基础类管网和楼体建设。对于部分微利可持续运营的经营性空间，参照商业实施最高税收标准，进一步增加了运营负担。此外，相关金融低息贷款政策还未正式出台，该类项目投资周期长、利润空间有限，难以依据现有条例制度获得正规金融机构的贷款，即便获得也难以承担相应的贷款利率，导致社会企业未来获取资金成本高、难度大。

（2）审批程序与规划调整程序模糊

投资、规划、建设、管理的生命周期过程在城市更新领域发生变异，边规划边建设在传统城市规划领域被认为是违法事件，在城市更新领域则成为常态。老旧小区由于建设年代久远，存在部分房产基础资料缺失的情况，故向相关部门提供房产、土地证明时材料严重不足。这类房产的规划审批流程很难通过一般审批流程完成，大多依赖特殊流程“一事一议”进行，大大提高了时间成本。此外，改造过程中需要通过运营大量经营性空间回收改造成本并获得利润，但现有空间用地性质往往不能满足商用需求，需要进行转换。根据现有规划审批法规，经营性空间资源的利用涉及新建、改扩建、改造与运营涉及的规划用途转变、容积率变化、消防检查手续等，少量城市出台简易化审批意见，法定规划调整以及许可审批的程序极为复杂，一定程度上影响高效利用。虽然实践中已有试点得以实施，但在缺乏常态机制保障下，其他项目实施难度较大，该类转换手续还未形成统一可复制流程。如在枣园小区—三合南里社区改造项目中，锅炉房作为供热用地改为便民配套设施后，缺乏消防验收手续指导。利用违建、产权不明晰的空间改造的便民配套，在规划许可、消防验收上也缺乏手续办理规定。目前该类空间用地通过与区政府开会协调，以会议纪要的形式进行后续流程，因此，在企业长期参与和全面推广方面还存在难度。

传统房地产开发建设施工建设封闭性运行，而更新改造是开放式建设，导致改造期间居民反对意见较多，抵触情绪较大。首先，大部分项目中的社区居民多属于原央企、国企职工，未接触过物业管理收费模式或原有物业单位提供服务质量较低，对于物业公司进驻存在一定抵触情绪。其次，由于疫情期间施工周期较长，部分老年住户受到干扰时间较长，投诉情况较多。最后，居民针对改造内容意见并不统一，如在下水道改造、加装护栏等项目上无法形成一致意见，一定程度上降低了项目改造效率，增加了改造企业的施工时长。

（3）监督管理与评价标准严重缺失

老旧小区改造过程中各阶段的监管机制和评价标准是政府、市场与社会合作治理的关键环节。基于对社区后续治理与发展的延续性和有效性的考量，政府要保证对购买公共服务项目进行规范和管理，规避政府、企业、居民合作的无效甚至失败。服务机构的稳定性对提高服务机构和服务网络的绩效有积极影响①。“政府监管部门利益理论”认为政府监管的立法机构或政府监管机构只是代表某一特殊利益集团的利益，而非一般公众。存在相关利益集团通过行贿、钱权交易等手段说服政府把其他利益相关者的福利转移到该利益集团中，进行对该利益集团有利的行为，而损害他人的利益②。部门利益理论的一个重要的派生“生物”“监管俘虏理论”认为监督主体出于各种利己的动机进行“寻租活动”，使政府组织的监管机构成为被监管者的“俘虏”，最终政府监管形同虚设，沦为企业追求垄断利润的一种工具。

（4）服务收费保障和公共利益维护机制缺失

我国的老旧小区很多长期处于“准物业”管理或者失管、脱管的无序状态。很多居民长期习惯不缴费或公共福利支持下的物产使用状态，服务收费的习惯养成需要必要的强制性手段，在维稳的大背景下难以实现。同时，多数城市老旧小区改造针对居民意愿从维稳角度提出“双百”方针，事实上，居民意愿难以全部统一。由于缺乏维护公共利益的具体手段和执行措施，导致即便是对居民有益的加装电梯、公共领域的空间改造等微更新行动都难以实现。

3. 根本性问题在于更新理念不明

城市更新过程中的目标和理念是“彻底性解决”还是“临时性缓解”，由此决定行动方案。实际调研发现，目前的城市更新仅是有限问题的暂时性解决，前瞻性存在不足，可能为未来留下隐患和再次更新埋下伏笔，也造成资金的浪费。

---

① JOHNSTON J M，ROMZEK B S. Social Welfare Contracts as Network：The Impact of Network Stability on Management and Performance[J]. Administration & Society，2008，40（2）：115–146.

② G. J. 施蒂格勒 . 产业组织和政府管制 [M]. 潘振民，译 . 上海：上海人民出版社，1996：32–73.

（1）居住建筑拆除还是改造需要权衡

2000 年前建设的老旧小区居住建筑普遍采用预制结构，钢筋水泥裸露，抗震设防水平不高，屋顶漏、排水堵、市政管线线路混乱，称为“上漏下堵中间乱”。大量老旧小区还属于棚改房，即便现在达不到危改程度，但若干年后还会成为新的危房。现有的老旧住宅改造多集中于节能保温与安全性能的提升，在建筑结构、外围护的节能减排、外观造型的美化方面取得了一定成效，但仍存在着空间适应性差、市政管线老化、改造技术落后、施工周期长、影响干扰大等问题，尤其是不适老成为最大的痛点，缺乏与之对应的改造技术体系的支撑。居住建筑内部公共空间和居民家庭室内的改造问题一直是更新改造不愿触碰的内容，一方面缺乏大修基金，另一方面难以形成统一的社区行动。

部分老旧小区民意调查显示老百姓还是希望住新房子。按照《住房和城乡建设部关于在实施城市更新行动中防止大拆大建问题的通知》（建科〔2021〕63 号）规定，除违法建筑和被鉴定为危房且无修缮保留价值的建筑以外，不大规模、成片集中拆除现状建筑，原则上城市更新单元（片区）或项目内拆除建筑面积不应大于现状总建筑面积的 20%。沿袭国家政策的规定，重庆等城市也提出更新单元内 20% 以内可以拆改，拆建比为 1：2，有些建筑质量较差的小区这一规定难以满足百姓生活需求和资金平衡要求：一方面，由于多数住宅建设时间较长，还有部分砖混预制板结构住宅，原有居民的拆迁改造需要原地安置；另一方面，从资金平衡角度，需要一定单位的销售弥补前期投入，剩余的用长租形式，可以为社会打工者、建设者等提供可居住住宅，换取长期租金资金流。由于更新社区差异较大，有的社区仍然属于棚改项目甚至低效用地，《关于深入推进城镇低效用地再开发的指导意见（试行）》规定了城镇低效用地的再开发方式：一是法律法规，以及国有土地划拨决定书、国有土地使用权出让合同明确规定或者约定应当由政府收回土地使用权的，按照法律规定、决定或约定予以收回；二是通过自主、联营、入股、转让等多种方式对其使用的国有建设用地进行改造开发；三是有开发意愿，但没有开发能力的，可由政府依法收回土地使用权进行招拍挂，并给予原国有土地使用权人合理补偿。现有政策使得改造更新停留于表面，不能从根本上解决问题。

（2）公共设施临时还是永久需要博弈

在福利房商品化和住宅商品化后，国家对住房使用权的重视和个人财产的住宅化，使得每个房屋产权人都成为老旧小区改造的主体。任何一项改造都涉及众多的使用权人，交易成本提高，达成共识的难度也大大增加。面对使用权空间的破碎导致的高交易成本，老旧小区改造者往往选择的是建设或改造一些使用权简单的公共空间和公共空间的市政基础设施。公共服务设施方面，随着老龄化问题的加剧，主要侧重改善基本生活设施，对适老化改造只停留在政策层面，还未得到全面落实；市政基础设施方面，由于协调市政基础设施运营和管理部门难度大，市政基础设施运营单位配合不足，大多数老旧小区更新对市政基础设施采取临时性处置和规避。如重庆白马凼，建设风雨长廊是在市政管线无法入地的情况下为了遮蔽空中难看的电力、电信架空线而建设，相关部门没有匹配计划和资金，只能纳入改造计划，改造并不彻底。

4. 基础性障碍在于空间产权模糊

尽管全国各地已经出台了各类实施方案与意见指导老旧小区改造工作，但在实践当中仍存在对过去经验的总结、提炼、政策整合方面不足，基础性空间产权模糊阻碍了项目运转与社会资本运作。调研发现，存量资产有效利用是城市更新市场化运作的突破口，难以合法合规性使用是基层政府无法破解的制度性瓶颈。存量资产主要包括社区性用房和国有资产等两类公共资产、居民住房等私有资产、公私混合资产等，均有不同的管理规定。

（1）社区用房产权模糊

产权规定。根据 2020 年 5 月 28 日十三届全国人大三次会议表决通过的《中华人民共和国民法典》（以下称《民法典》）规定，社区内经营性用房、物业服务用房的共有部分所有权归业主共同所有。业主对经营性用房的共有部分享有共有和共同管理的权利并履行义务；若业主转让建筑物内的住宅、经营性用房，对其共有部分享有的共有和共同管理的权利一并转让。针对城镇住房改革的几个重要文件《国务院关于继续积极稳妥地进行城镇住房制度改革的通知》（国发〔1991〕30 号）、《国务院办公厅转发国务院住房制度改革领导小组关于全面推进城镇住房制度改革的意见的通知》（国办发〔1991〕73 号）、《国务院关于深化城镇住房制度改革的决定》（国发〔1994〕43 号）、《国务院关于进一步深化城镇住房制度改革加快住房建设的通知》（国发〔1998〕23 号）等仅对出售住房价值评估、收缴比例、产权登记等方面进行规定，对公共建筑并未有明确的规定，在处理的过程中按照各自的理解处理公共建筑，造成产权多样性和模糊性。《关于印发〈关于加强出售国有住房资产管理的暂行规定〉的通知》（国资事发〔1995〕64 号）仅强调国有住房出售资产管理和出售收入上缴国库比例，未对相关配套公共服务设施的处置和产权提出规定。

决定原则。根据《民法典》规定，业主可以设立业主大会，选举业主委员会管理社区事务，业主大会或者业主委员会的决定，对业主具有法律约束力。业主大会或者业主委员会作出的决定侵害业主合法权益的，受侵害的业主可以请求人民法院予以撤销。业主应共同决定的事项包括：制定和修改业主大会议事规则；制定和修改管理规约；选举业主委员会或者更换业主委员会成员；选聘和解聘物业服务企业或者其他管理人选；使用建筑物及其附属设施的维修资金；筹集建筑物及其附属设施的维修资金；改建、重建建筑物及其附属设施；改变共有部分的用途或者利用共有部分从事经营活动；有关共有和共同管理权利的其他重大事项。共同决定事项时遵循参与表决人数超过双三分之二、同意人数超双四分之三原则和双二分之一原则。其具体表述为，决定共同事项时，应当由专有部分面积占比三分之二以上的业主且人数占比三分之二以上的业主参与表决。决定筹集建筑物及其附属设施的维修资金、改建、重建建筑物及其附属设施、改变共有部分的用途或者利用共有部分从事经营活动事项时，应当经参与表决专有部分面积四分之三以上的业主且参与表决人数四分之三以上的业主同意。决定其他事项，应当经参与表决专有部分面积过半数的业主且参与表决人数过半数的业主同意。

修缮资金使用。在居住建筑修缮资金方面，有公共维修基金专属名词，是指按建设部《关于印发〈住宅共用部位共用设施设备维修基金管理办法〉的通知》（建住房〔1998〕213号）的规定，住宅楼房的公共部位和共用设施、设备的维修养护基金。单位售卖公房的公共维修基金，由售房单位和购房职工共同筹集，所有权归购房人，用于售出住宅楼房公共部位和共用设施、设备的维修、养护。《民法典》规定建筑物及其附属设施的维修资金，属于业主共有。经业主共同决定，可以用于电梯、屋顶、外墙、无障碍设施等共有部分的维修、更新和改造。建筑物及其附属设施的维修资金的筹集、使用情况应当定期公布。紧急情况下需要维修建筑物及其附属设施的，业主大会或者业主委员会可以依法申请使用建筑物及其附属设施的维修资金。与2000年后新建的居住小区相比，老旧小区未设有公共维修基金，这也导致老旧居住建筑维修维护面临资金难题。

（2）国有资产使用权模糊

资产使用经营。国有资产可分为国有企业所属资产与行政单位所属资产，资产运作均由相关机关进行管理监督。国有企业资产方面，根据《企业国有资产监督管理暂行条例》《中华人民共和国企业国有资产法》（表3-2），国务院国有资产监督管理机构和地方人民政府按照国务院的规定设立的国有资产监督管理机构，根据本级人民政府的授权，代表本级人民政府对国家出资企业履行出资人职责。国有资产转让也由国有资产监督管理机构负责决定。行政单位资产方面，根据《行政事业性国有资产管理条例》《中央国家机关国有资产处置管理办法》《中央行政事业单位国有资产处置管理办法》《行政单位国有资产管理暂行办法》，中央国家机关资产处置与管理由国务院机关事务管理局负责，一般行政单位资产由各级财政部门实施综合管理，由所属行政单位实施具体管理。

国有资产使用相关法规统计一览表　　表 3-2

名称	主要相关内容
《企业国有资产监督管理暂行条例》（国务院令〔2003〕378号）2003年5月27日正式实施，2011年1月8日根据《国务院关于废止和修改部分行政法规的决定》第一次修订，2019年3月2日根据《国务院关于修改部分行政法规的决定》第二次修订	国有资产监督管理机构依照国家有关规定，负责企业国有资产的产权界定、产权登记、资产评估监管、清产核资、资产统计、综合评价等基础管理工作。国有资产监督管理机构协调其所出资企业之间的企业国有资产产权纠纷。 所出资企业中的国有独资企业、国有独资公司的重大资产处置，需由国有资产监督管理机构批准的，依照有关规定执行
《行政事业性国有资产管理条例》（国务院令〔2021〕738号）	第十七条规定，事业单位利用国有资产对外投资应当有利于事业发展和实现国有资产保值增值，符合国家有关规定，经可行性研究和集体决策，按照规定权限和程序进行。第三十六条规定，除国家另有规定外，各部门及其所属单位将行政事业性国有资产进行转让、拍卖、置换、对外投资等，应当按照国家有关规定进行资产评估。行政事业性国有资产以市场化方式出售、出租的，依照有关规定可以通过相应公共资源交易平台进行
《中央国家机关国有资产处置管理办法》（国管财〔2004〕196号）（2004年8月24日实施）	国务院机关事务管理局（以下称国管局）是中央国家机关国有资产主管部门，负责中央国家机关资产处置的监督和管理工作。 资产处置的主要方式有：调拨、变卖、报损、报废以及将非经营性资产转为经营性资产（以下简称“非转经”）等。 资产处置主要包括：（一）闲置或超标准配置的资产；（二）罚没或按规定上缴的资产；（三）经批准需置换或交易的资产；（四）因机构变动（分立、撤消、合并、改制及隶属关系改变）发生的所有权、使用权转移、变更的资产；（五）已达到报废期限的资产或因技术原因不能安全有效使用的资产；（六）盘亏及非正常损失的资产；（七）“非转经”或因行政工作、事业发展需要改变用途的资产；（八）根据国家政策法规规定需要处置的其他资产。 资产处置应逐级申报，分级审批：（一）一次性处置价值原值20万元以下的资产，由各部门审批，报国管局备案。（二）一次性处置价值原值20万元（含）以上的资产，需经资产使用单位提出申请，报国管局审批。（三）国有土地、房屋及建筑物、汽车的处置，均报国管局审批。 第八条规定，各部门占有、使用的国有资产，一般情况下不允许“非转经”。确有闲置不用的资产或继续使用不经济的资产，为充分发挥资产的经济和社会效益，可以办理“非转经”，但必须按规定严格履行审批手续

续表

名称	主要相关内容
《中央行政事业单位国有资产处置管理办法》(财资〔2021〕127号)	第五条规定，中央行政事业单位国有资产处置应当遵循公开、公正、公平和竞争择优的原则，按照规定权限履行审批手续，未经批准不得自行处置。第七条规定，财政部、各部门按照规定权限对中央行政事业单位国有资产处置事项进行审核、审批或者备案。财政部批复各部门所属行政事业单位国有资产处置的文件，应当同步抄送财政部当地监管局。第八条规定，各部门机关本级和机关服务中心的国有资产处置，分别由国管局、中直管理局、全国人大常委会办公厅、全国政协办公厅归口管理。中央行政事业单位处置办公用房和公务用车，《党政机关办公用房管理办法》《党政机关公务用车管理办法》等有规定的，从其规定。第九条规定，除本办法第十条、第十一条规定外，各部门及中央管理企业所属行政事业单位（含垂直管理机构和派出机构，各部门机关本级和机关服务中心除外）处置单位价值或者批量价值（账面原值，下同）1500万元以上（含1500万元）的国有资产，应当经各部门审核同意后报财政部当地监管局审核，审核通过后由各部门报财政部审批；处置单位价值或者批量价值1500万元以下的国有资产，由各部门自行审批
《行政单位国有资产管理暂行办法》(2006年7月1日起实施)	行政单位国有资产管理的内容包括：资产配置、资产使用、资产处置、资产评估、产权界定、产权纠纷调处、产权登记、资产清查、资产统计报告和监督检查等。 各级财政部门是政府负责行政单位国有资产管理的职能部门，对行政单位国有资产实行综合管理。其主要职责是：(一)贯彻执行国家有关国有资产管理的法律、法规和政策；(二)根据国家国有资产管理的有关规定，制定行政单位国有资产管理的规章制度，并对执行情况进行监督检查；(三)负责会同有关部门研究制定本级行政单位国有资产配置标准，负责资产配置事项的审批，按规定进行资产处置和产权变动事项的审批，负责组织产权界定、产权纠纷调处、资产统计报告、资产评估、资产清查等工作；(四)负责本级行政单位出租、出借国有资产的审批，负责与行政单位尚未脱钩的经济实体的国有资产的监督管理；(五)负责本级行政单位国有资产收益的监督、管理；(六)对本级行政单位和下级财政部门的国有资产管理工作进行监督、检查；(七)向本级政府和上级财政部门报告有关国有资产管理工作。 行政单位对本单位占有、使用的国有资产实施具体管理。其主要职责是：(一)根据行政单位国有资产管理的规定，负责制定本单位国有资产管理具体办法并组织实施；(二)负责本单位国有资产的账卡管理、清查登记、统计报告及日常监督检查等工作；(三)负责本单位国有资产的采购、验收、维修和保养等日常管理工作，保障国有资产的安全完整；(四)负责办理本单位国有资产的配置、处置、出租、出借等事项的报批手续；(五)负责与行政单位尚未脱钩的经济实体的国有资产的具体监督管理工作并承担保值增值的责任；(六)接受财政部门的指导和监督，报告本单位国有资产管理情况。 行政单位拟将占有、使用的国有资产对外出租、出借的，必须事先上报同级财政部门审核批准。未经批准，不得对外出租、出借。同级财政部门应当根据实际情况对行政单位国有资产对外出租、出借事项严格控制，从严审批。行政单位出租、出借的国有资产，其所有权性质不变，仍归国家所有；所形成的收入，按照政府非税收入管理的规定，实行“收支两条线”管理。 行政单位之间的产权纠纷，由当事人协商解决。协商不能解决的，由财政部门或者同级政府调解、裁定。行政单位与非行政单位、组织或者个人之间发生产权纠纷，由行政单位提出处理意见，并报经财政部门同意后，与对方当事人协商解决。协商不能解决的，依照司法程序处理

续表

名称	主要相关内容
《中华人民共和国企业国有资产法》(2009年5月1日实施)	国务院和地方人民政府依照法律、行政法规的规定，分别代表国家对国家出资企业履行出资人职责，享有出资人权益。国务院确定的关系国民经济命脉和国家安全的大型国家出资企业，重要基础设施和重要自然资源等领域的国家出资企业，由国务院代表国家履行出资人职责。其他的国家出资企业，由地方人民政府代表国家履行出资人职责。 国务院国有资产监督管理机构和地方人民政府按照国务院的规定设立的国有资产监督管理机构，根据本级人民政府的授权，代表本级人民政府对国家出资企业履行出资人职责。国务院和地方人民政府根据需要，可以授权其他部门、机构代表本级人民政府对国家出资企业履行出资人职责。 国有资产转让，是指依法将国家对企业的出资所形成的权益转移给其他单位或者个人的行为；按照国家规定无偿划转国有资产的除外。国有资产转让由履行出资人职责的机构决定。履行出资人职责的机构决定转让全部国有资产的，或者转让部分国有资产致使国家对该企业不再具有控股地位的，应当报请本级人民政府批准。国有资产转让应当遵循等价有偿和公开、公平、公正的原则。除按照国家规定可以直接协议转让的以外，国有资产转让应当在依法设立的产权交易场所公开进行。转让方应当如实披露有关信息，征集受让方；征集产生的受让方为两个以上的，转让应当采用公开竞价的交易方式。国有资产转让应当以依法评估的、经履行出资人职责的机构认可或者由履行出资人职责的机构报经本级人民政府核准的价格为依据，合理确定最低转让价格

资料来源：作者根据官网文件整理

资产出租转让。为避免国有资产流失，国有资产的出租、转让受到严格控制。国有企业将国家对企业的出资所形成的权益转移给其他单位或者个人的行为需要由履行出资人职责的机构决定，变动较大还需报请本级人民政府批准。转让行为应当在依法设立的产权交易场所公开进行，征集产生的受让方为两个以上的，转让应当采用公开竞价的交易方式。国有资产转让应当以依法评估的、经履行出资人职责的机构认可或者由履行出资人职责的机构报经本级人民政府核准的价格为依据，合理确定最低转让价格。行政单位如果需要进行资产处置，应逐级申报，分级审批。拟将占有、使用的国有资产对外出租、出借的，必须事先上报同级财政部门审核批准。未经批准，不得对外出租、出借。同级财政部门应当根据实际情况对行政单位国有资产对外出租、出借事项严格控制，从严审批。行政单位出租、出借的国有资产，其所有权性质不变，仍归国家所有；所形成的收入，按照政府非税收入管理的规定，实行“收支两条线”管理。此外，行政单位之间的产权纠纷，由当事人协商解决。协商不能解决的，由财政部门或者同级政府调解、裁定。行政单位与非行政单位、组织或者个人之间发生产权纠纷，由行政单位提出处理意见，并报经财政部门同意后，与对方当事人协商解决。协商不能解决的，依照司法程序处理。

（3）老旧小区物业管理权模糊

北京市城六区老旧小区主要建设于20世纪70—90年代（刘佳燕、张英杰、冉奥博，2020），正处于我国住房制度转型与住房快速建设时期[①]。改革开放前，我国住房制度以单位分配为主，住房只有居住属性，缺乏经济属性。改革开放后到20世纪90年代末，住房逐渐商品化，呈现出投资与居住的双重属性。1980年，《全国基本建设工作会议汇报提纲》准许个人建房买房；1988年2月，《国务院住房制度改革领导小组关于在全国城镇分期分批推行住房制度改革的实施方案》（国发〔1998〕11号），确定要将住房公有制改为商品化分配，通过调整公房低租金、发放住房券、建立住房基金、组织公有住房出售等手段，实现住房所有权或使用权归住户所有；1994年，《国务院关于深化城镇住房制度改革的决定》（国发〔1994〕43号）出台，在继续深化住房制度改革与沿用改革手段的基础上，明晰公有住房产权，根据个人出资情况将公有住房产权划分为个人完整享有、个人在一定条件下享有、个人与单位共有三种类别。第一类按市场价购买，个人拥有完整住房产权；第二类按成本价购买，个人享有完整产权需满足五年期限、补交土地使用权出让金或所含土地收益两个条件；第三类按标准价购买，个人以标准价占成本价比例享有部分产权，包括可继承的占有权、使用权、有限的收益权和处分权，其他部分产权由单位所有。该类房屋由个人住用五年后方可进入市场，原单位与当地房管部门享有优先购买权，收益在补交地价后按产权比例在单位和个人间划分。此外，该文件还提出改革住房管理体制，发展物业管理企业。1998年，《国务院关于进一步深化城镇住房制度改革加快住房建设的通知》（国发〔1998〕23号）发布，正式结束住房制度"双轨制"，所有住房均进入市场，进行商品化分配。自此，我国逐渐建立起居住区建设标准及物业管理标准等完整制度体系。

住房制度改革与转型给该时期建设的居住区管理留下了两个隐患：第一，居住区内可能存在多样化产权住房。该时期政府进行公有住房产权售卖的同时，也鼓励私人建房买卖，且仍存在单位出租给职工的自建房屋，因此，同一居住区内可能存在多种类型产权住房。不同产权住房管理权隶属不同主体，增加了管理难度。第二，缺乏正

---

① 刘佳燕，张英杰，冉奥博．北京老旧小区更新改造研究：基于特征—困境—政策分析框架[J]．社会治理，2020（2）：64-73.

规物业管理体系。该时期市场化物业管理公司还未成熟，物业多交由产权单位自管或处于空缺状态，物业管理内容质量偏低。产权单位多数只拥有名义上的所有权或部分收益权、处分权，住房更新收益低于维护、管理成本，故多数居住区缺乏定期、高质量维护及便民服务提供。

5. 制度性障碍在于保障政策欠缺

（1）企业管理权限有限

目前，老旧小区改造的重要手段是引入社会资本，完成改造后通过物业管理和经营性空间收费运营，故企业完成改造后还承担着较大的社区管理责任。但对于社区内违法建设、违章停车、不缴物业费等现象，并没有相应的制度支撑其进行管理，物业企业在缺乏法理依据的情况下增加了管理难度。

（2）长效保障机制缺乏

对于社会资本整体运营缺乏长期的监督管理制度。当前政策多集中在改造实施阶段，但对于后期运营管理，尤其是已经完成基础性改造的小区，如何监管、帮扶社会资本长期经营运营，巩固改造成果并切实盘活城市存量空间，实现可持续发展缺乏制度保障。政府缺口性补贴以及转移部分服务职能的财政支出缺乏规范性的政策规定，改造后更新区域的长效管理缺乏资金保障。

（3）法律基础保障缺失

国家层面，城市更新以部分政策指导为主，缺乏城市更新相关法律。地方层面，虽然部分城市出台城市更新相关条例，但大多数城市更新以政策文件为主，如《北京市人民政府关于实施城市更新行动的指导意见》（京政发〔2021〕10号）、《北京市城市更新实施意见（试行）》等，缺乏立法保障。城市更新涉及公共利益的再分配，涉及规范化的长效管理，涉及存量空间的再利用规范程序、物业费收缴强制措施等。目前，缺乏维护公共利益的法制手段，导致空间改造难以实施、物业运营维护难以为继等问题出现。

（4）空间系统统筹缺位

目前，改造项目碎片化，通常是谈成一个改一个（资金到位、工程可行、居民同意、部门共识），缺乏可操作的城市整体、分区层面的更新规划进行整体性、战略性的统筹谋划，其原因有两个：一是对各老旧小区从社会、经济和改造技术等方面进行现状和预期效益评估等基础研究支撑的不足；二是“就项目论项目”，局限于小区狭窄用地内“螺蛳壳里做道场[①]”，未能有效统筹利用和全面激活区域潜在空间资源。目前区域统筹的案例仅是个别案例，协调难度大，产权归属、利益分配机制尚未解决。

6. 瓶颈性障碍在于利用机制不畅

（1）经营性空间利用难度大，增加了城市更新经济成本

空间改造与运营是老旧小区市场化改造的关键部分和企业进入改造项目的主要盈利点，一般通过和街道办事处签订使用权转让合同后，由街道办事处再将使用权转让给企业。由于老旧小区中大量产权性质复杂的空置房产，有的隶属中央直属单位、国有单位，长期缺乏管理，大量闲置和低效利用影响城市面貌和社区形象。因占据非常好的区位而具有一定商业价值，现实改造过程中或自我改造，或盘活，或交给运营商。社会资本进入老旧小区改造后，需要置换这部分用房作为经营性空间以补贴改造资金，一方面针对这类用房的产权授权运营政策还未明确，另一方面仅靠小区内现有资源很难平衡社会力量投资，需要更大范围统筹，但现有闲置资源的使用均在一定程度上受到了产权限制，影响其改造收益的获取。虽然针对老旧小区经营性空间利用出台了相关政策（表 3-3），实践过程中仍然存在政策空白和政策不清等问题，如《关于引入社会资本参与老旧小区改造的意见》对于原行政事业单位、国有企业所属配套设施、配套用房仅提到“经专业机构评估，可将所有权或一定期限的经营收益作为区政府老旧小区改造投入的回报”“鼓励产权人授权实施主体统筹使用”“国有资产的产权划转由区政府根据实际情况确定”，未提出具体授权经营办法。同时，此类可经营性空间并没有明确的运作机制，如《关于引入社会资本参与老旧小区改造的意见》中仅明确社会资本改造运营空间时“授权双方应当签订书面协议，明确授权使用期限、使用用途、退出约束条件和违约责任”，具体使用期限、用途范围等运营细则并没有明确的标准和尺度。考虑到私营企业使用会带来国有资产流失的风险，基层政府部门及国有产权单位不得不谨慎处理产权转移工作。

---

① 原指在狭窄简陋处做成复杂的场面和事情。

老旧小区改造产权再界定相关政策 表 3-3

成文日期	政策名称	相关内容
2021 年 4 月 22 日	《关于印发〈关于引入社会资本参与老旧小区改造的意见〉的通知》（京建发〔2021〕121 号）	社区存量空间使用由业主大会决定或组织业主共同决定用途；区属行政事业单位所属设施或国有企业以划拨方式取得的小区用房或配套设施可将所有权或一定期限的经营收益作为区政府老旧小区改造投入的回报，用于改造企业运用需通过书面协议明确授权使用期限、使用用途、退出约束条件和违约责任等。 社会资本经委托或授权取得的设施用房，持区老旧小区综合整治联席会认定意见即可办理工商等相关证照，不需提供产权证明
2021 年 5 月 9 日	《北京市老旧小区综合整治联席会议办公室关于印发〈关于老旧小区综合整治实施适老化改造和无障碍环境建设的指导意见〉的通知》（京老旧办发〔2021〕11 号）	社区用房经业主共同决定，可交由物业服务企业统一改造用于居家养老服务。政府所有的闲置房屋和设施，政府可委托物业服务企业或养老服务机构用于居家养老服务。 鼓励物业服务企业与房地产开发企业协商，将开发企业自持的房屋改造为养老服务用房，允许按照适老化设计要求优化户均面积、小区车位配比等指标
2019 年 4 月 25 日	《北京市人民政府办公厅〈关于优化新建社会投资简易低风险工程建设项目审批服务的若干规定〉的通知》（京政办发〔2019〕10 号）	社会投资简易低风险工程建设项目是指：未直接使用各级公共财政投资进行建设，地上建筑面积不大于 2000 平方米，地下不超过一层且地下建筑面积不大于 1000 平方米，功能单一的办公建筑、商业建筑、公共服务设施、普通仓库和厂房。社会投资简易低风险工程建设项目可推行“一网通办”，简化各类审批手续
2021 年 4 月 9 日	《北京市规划和自然资源委员会 北京市住房和城乡建设委员会 北京市发展和改革委员会 北京市财政局关于老旧小区更新改造工作的意见》（京规自发〔2021〕120 号）	可利用锅炉房（含煤场）、自行车棚、其他现状房屋补充社区综合服务设施或其他配套设施，在遵循公共利益优先原则的基础上，可临时改变建筑使用功能，暂不改变规划性质、土地权属，未经批准不得新建和扩建

资料来源：作者根据官网文件整理

（2）社区用房强调业主共有，改造利用收益不足

按照相关法律规定，社区经营性用房、物业服务用房所有权均属于业主共同所有，其用途改变、利用其进行经营性活动等事项均需要业主共同决定，当由专有部分面积占比三分之二以上的业主且人数占比三分之二以上的业主参与表决，并经过参与表决专有部分面积四分之三以上的业主且参与表决人数四分之三以上的业主同意后方可进行。该规定更加强调并尊重社区私人产权的重要性，但一定程度上增加了老旧小区空间中存量空间盘活利用的沟通时间成本。枣园小区—三合南里社区改造项目中，用于交换的空间资产原为废弃的锅炉房、堆煤厂或流动人口占用居住的废弃底商，名义上

属于小区居民共有，但由于所有权主体数量过多难以达成意见一致，实际上控制权也处于“虚置”状态。

结合枣园小区—三合南里社区改造项目、劲松北社区改造项目实践，闲置空间原有产权主体将控制权转给区政府或街道，再由政府部门与改造企业签订协议。改造企业最终获得一定期限闲置空间的使用权、部分收益权、部分处分权。改造可将闲置空间用于补充社区养老服务，如社区食堂、充电自行车棚等；也可将其出租，引入商业服务，打造便民服务中心，如三合南里社区建设的美邻坊等，通过收取租金平衡前期改造投入。但改造企业对该部分闲置空间的收益权和处分权都是受到限制的，商业化便民服务的租金收取采取差异化模式，部分服务业态以为改造小区居民提供优惠或免费服务的方式换取低租金，即改造企业无法完全通过市场化手段获得收益，必须分割部分收益补贴居民服务；改造企业仅能通过出租方式处置闲置空间资产获得收益，不得将其抵押或出售，这部分控制权实际上依然掌握在政府或者原产权单位手中。在诸多限制下，改造企业预计平均要花费8~10年方可实现投资与收益平衡，获利周期远高于普通商业投资。

（3）国有资产使用规定复杂，增加了城市更新行政成本

存量资产产权涉及属于国有企业、行政单位的，用途改变、产权转让都需要依法经过申请批准，由财政部门或监督机构审核后依法进行转让。对于国有企业资产，根据《企业国有资产监督管理暂行条例》《中华人民共和国企业国有资产法》，国务院国有资产监督管理机构和地方人民政府按照国务院的规定设立的国有资产监督管理机构，根据本级人民政府的授权，代表本级人民政府对国家出资企业履行出资人职责。国有资产转让也由国有资产监督管理机构负责决定。对于行政事业单位资产，根据《行政事业性国有资产管理条例》，国务院财政部门制定管理规章制度并负责监督检查，中央国家机关资产处置与管理由国务院机关事务管理部门和有关机关事务管理部门会同有关部门负责，一般行政单位资产由各级人民政府实施审批监管，由所属行政单位具体使用与支配。社区所属闲置资产所有权则由业主共同所有，根据《中华人民共和国民法典》，若需要改变共有部分的用途或者利用共有部分从事经营活动事项时，应当经参与表决专有部分面积四分之三以上的业主且参与表决人数四分之三以上的业主同意。

行政事业单位、国有企业资产的使用同样受到严格控制。对于行政事业性国有资产，行政单位应将国有资产用于本单位履行职能需要，严禁用于对外投资；事业单位应将国有资产用于事业发展与公共服务，若需对外投资应遵守国有资产保值增值原则，明确股权占比的基础上将股权纳入经营性国有资产集中统一监管体系。此外，若需要以市场化方式出售、出租行政事业性国有资产，应根据规定通过相应公共资源交易平台进行。资产所属部门应当每年编制本单位资产管理情况报告，逐级报送相关部门。对于国有企业资产，国有企业将资产收益权转移给其他单位或者个人的行为需要由履行出资人职责的机构决定，变动较大还需要报请本级人民政府批准。

因此，资产利用存在以下问题：一是考虑到国有资产流失，行政事业单位、国有企业对资产的运用和处置权利都是有限的，必须围绕本单位性质进行使用且受到监督。当部分空间使用收益较低，不符合经济发展需求时，这种权利限制了产权单位通过市场方式进行收益更高的利用，使得空间资产往往闲置或被其他主体占用。这部分闲置空间的所有权虽然属于原行政事业单位或国有企业，但其受限于制度规定，只有特殊用途的使用权、处分权、收益权，其他用途即剩余控制权则未能被界定清楚，无法根据经济发展规律自由安排资产使用，使得空间资源常被浪费或由无关主体低成本占用，进入到“公共领域”。二是部分政策规定，国有产权低效空间资源租赁周期不得超过 3 年的规定不利于社会资本以运营权质押方式开展长周期融资，这使得社会资本在实践过程中可能需要在触碰政策红线的风险下推进项目。同时，国有资产利用租金价格和评估脱离市场，并要求每年递增 3% 的租金。基于目前电商冲击比较大，市场租金降低背景下，目标与现实很难同步，则实施过程中难以真正匹配合适的社会资本进入。三是目前国有资产、社区用房转让规定均设定于所有权转让的情况，未考虑到所有权保留，仅转让使用权、收益权的情况，使得存量资产使用权转移无法可依。实践中出现了存量空间使用途径转变办理规划审批手续、消防手续困难的情况，增加企业与政府部门协商成本与时间成本。四是目前社会资本一般通过与街道办事处签订框架战略协议等方式参与小区改造项目，但这类方式对于社会资本投资回报、长期运营权益等依法保障力度明显不足。上述原因无形中阻碍了存量国有资产用于老旧小区改造空间资源交换，不利于市场化改造模式的资金良性循环（图 3-4）。如在真武庙项目中，原产权单位为矿冶科技集团有限公司，大部分住房进行了房改，但也有部分房屋仍属于央产房。根据相关规定，央产房不能进行私自转租，故目前只能选择已经房改比例较高的 3 号楼进行该类模式改造，其他未进行房改的区域则无法进行改造。

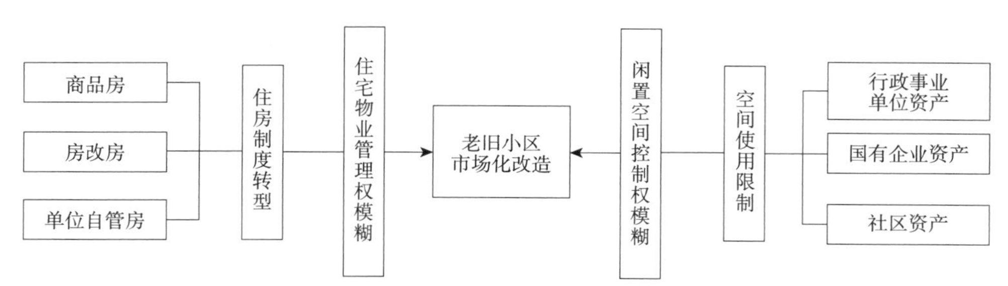

图 3-4 老旧小区市场化改造初始产权状态

图片来源：作者自绘

（4）居住建筑产权复杂，缺乏统一的维修基金

老旧小区主要建设于 20 世纪 70—90 年代，正处于我国住房制度转型与住房快速建设时期。改革开放前，我国住房制度以单位分配为主，住房只有居住属性，缺乏经济属性。改革开放后到 20 世纪 90 年代末，住房逐渐商品化，呈现出投资与居住的双重属性。1980 年，《全国基本建设工作会议汇报提纲》准许个人建房买房。1988 年 2 月，《国务院住房制度改革领导小组关于在全国城镇分期分批推行住房制度改革的实施方案》（国发〔1998〕11 号），确定要将住房公有制改为商品化分配，通过调整公房低租金、发放住房券、建立住房基金、组织公有住房出售等手段，实现住房所有权或使用权归住户所有。1994 年，《国务院关于深化城镇住房制度改革的决定》（国发〔1994〕43 号）出台，在继续深化住房制度改革与沿用改革手段的基础上，提出明晰公有住房产权要求：以市场价购买的住房完整产权归个人所有；以成本价购买的住房则在住用五年后可进入市场，补交土地使用权出让金或所含土地收益后享受完整产权；以标准价购买的住房产权由单位和个人按标准价占成本价比例共同享有，个人拥有可继承的占有权、使用权、有限的收益权和处分权，住用五年后房屋可进入市场，原单位与当地房管部门享有优先购买权，收益按产权比例在单位和个人间划分。此外，该文件还提出改革住房管理体制，发展物业管理企业。1998 年，《国务院关于进一步深化城镇住房制度改革加快住房建设的通知》（国发〔1998〕23 号）发布，正式结束住房制度“双轨制”，停止住房分配，全面实行住房商品化制度。自此，我国逐渐建立起居住区建设标准及物业管理标准等完整制度体系。住房制度改革与转型给该时期建设的居住区管理留下了两个隐患：第一，居住区内可能存在多样化产权住房。该时期政府对公有住房进行产权售卖的同时，也鼓励私人建房买卖，同时仍存在单位出租给职工的自

建房屋，因此同一居住区内可能存在多种类型产权住房。不同产权住房管理权隶属不同主体，增加了管理难度。第二，缺乏正规物业管理体系。该时期市场化物业管理公司还未成熟，物业多交由产权单位自管或处于空缺状态，产权单位多数只拥有名义上的所有权或部分收益权、处分权，住房更新收益低于维护、管理成本，故多数居住区缺乏定期、高质量维护及便民服务提供。同时，该时期《住宅专项维修资金管理办法》还未出台，多数住宅区并未在建设初期向业主收取专项维修资金，故该时期居住区管理多数缺少责任主体和维修资金，住宅建筑的维修只能依靠国家投入或居民自筹，两者都存在巨大的难度。

四
愿景模式的实证观察

（一）系统特征

1. 总体特征

愿景集团有城市有机更新、租赁社区建设与运营、不动产投资基金等三大板块业务。愿景城市更新探索从 2017 年开始谋划，持续迭代探索社会资本参与城市有机更新模式。在 2021 年 11 月，住房和城乡建设部发布的首批 21 个试点城市[①]中的 14 个试点城市推动城市有机更新。政策试点制度被普遍认为是支撑中国取得瞩目改革成就的关键机制，截至 2022 年 5 月，落地项目覆盖 14 个省（含自治区、直辖市）、24 个市（不含直辖市）、39 个区县（含县级市），创新长效运营持续做好人群服务，主要项目见表 4–1。

主要项目一览表 表 4–1

入驻城市	典型项目名称
北京	北京 CBD 区域城市更新项目、石景山鲁谷项目、大兴清源街道与兴丰街道项目、通州玉桥街道更新项目、西城区真武庙项目、朝阳区劲松街道项目、双井街道项目
济宁	任城区全域更新项目
滕州	全域城市更新项目
无锡	梁溪区“三中”改造项目
武汉	江汉区红光小区项目

① 南京市、苏州市、滁州市、铜陵市、烟台市、潍坊市、宁波市、厦门市、北京市、唐山市、呼和浩特市、南昌市、景德镇市、黄石市、长沙市、重庆市渝中区、九龙坡区、成都市、银川市、西安市、沈阳市。

续表

入驻城市	典型项目名称
重庆	九龙坡区老旧小区改造项目
厦门	思明区深田社区项目
广州	花都区旧人大小区有机更新项目、白云区广信片区老旧小区有机更新项目
深圳	龙华区微棠新青年社区项目

资料来源：作者整理

愿景集团在选择城市时主要基于三个方面的考量：一是地方经济发展和政府财力状况；二是地方政府诚信和基本社会生态；三是是否具有适应地方工作的有能力的负责人。从调查案例城市而言，试点成功很大程度上源于四个方面的基本特征：一是体制对于政策要素的“兼容能力”或“整合能力”；二是地方政府制度环境以及政策法律的完备程度；三是地方政治精英的重视态度；四是部门或领域相对于国计民生的重要程度。愿景模式得以存在和发展主要有以下原因：一是不谋暴利。愿景城市更新的行为逻辑是不唯利，关注长期价值，做难而正确的事，时刻反问所做之事“对谁产生什么价值”，因此可以定义为微利企业。二是追求品质。愿景追求精益求精的工作品质、对高标准的追求永无止境不吝付出，保持灵活性开放态度，打破惯性思维，以新方法改善、拓展工作，积极营造鼓励创新的氛围，对创新人员给予充分自主权。三是开放包容。与内外部合作伙伴建立多层次合作网络，实现共赢，理解和尊重对方要求、立场、利益，挖掘合作潜能，多方协同，彼此信任，利益共享。

2. 基础特征

城市更新因主导主体的差异主要分为政府主导型、企业主导型和社会主导型。愿景集团定位为聚焦存量资产投资、更新与运营，致力于成为领先的“美好社区运营商”，充分发挥充裕的社会资本、丰富的人力资源、高度的专业分工、高效的决策能力等，以满足多样化的改造需求，资源配置效率较高，因此在各地探索形成了可借鉴、可推广的市场化运作模式，是企业主导型老旧小区更新的典型代表。愿景有机更新整体性总结为以人民为中心，更新与复兴导向的城市升级模式（ROP 模式），具有两个基础性特征：一是目标为了人民。把人民利益放在首位，体现“人民城市为人民”的宗旨，提高公众参与力度，使城市更新不仅体现政府意志，同时满足个人与社会的多方利益需求，避免城市更新过程中的社会矛盾激化，实现更大范围的社会公平。二是运作兼顾效率。基于经营城市的目标，提高剩余空间（旧建筑群、旧厂房、边角用地、临时闲置空地、公共服务设施）等经营价值，通过价值投资、更新改造、持续运营，提高片区获取现金流能力，同时推动区域业态激活、产业升级，实现区域整体竞争力的提升。

3. 运行机制

愿景有机更新采取以下方式：一是三段式推进。三段式推进即第一阶段夯实基础改善与民生保障，第二阶段侧重功能焕活与长效运营，第三阶段强化产业导入与运营开放。主要围绕人的需求，聚焦城市发展，融入治理思维，通过多轮次、渐进式、滚动型、螺旋式更新，推动片区运营价值和治理水平提升。二是三类统筹。其包括资金统筹机制、更新合作机制、政策创新机制。基于“微利可持续”逻辑、遵循规建改一体化原则，系统整合投资、融资、改造、运营各环节。

（二）模式细分

由于老旧小区市场化改造仍然处于实践初期阶段，基于不同的维度形成多种分类标准：一是改造内容角度，分为基础改造、全面改造、以点带面式改造；二是改造主体角度，刘贵文、胡万萍、谢芳芸（2020）[①] 以及刘金程、赵燕菁（2021）[②] 将其分为政府主导、业主自主改造、多元主体参与；三是利益再分配角度，徐峰（2018）[③] 将其分为“企业与小区业主利益捆绑”“商业捆绑开发改造”“旧区改造＋物业管理”。

1. 划分标准

（1）按照统筹范围

根据现有改造案例的统筹范围，可将改造模式分为大片区统筹平衡模式、跨片区组合平衡模式、小区自平衡模式。具体尺度选择主要根据改造区域可调动的空间资源决

① 刘贵文，胡万萍，谢芳芸．城市老旧小区改造模式的探索与实践——基于成都、广州和上海的比较研究[J]．城乡建设，2020（5）：54-57.

② 刘金程，赵燕菁．旧城更新：成片改造还是自主更新？——以厦门湖滨片区改造为例[J]．城市发展研究，2021，28（3）：1-6.

③ 徐峰．社会资本参与上海老旧小区综合改造研究[J]．建筑经济，2018，39（4）：90-95.

定，大片区统筹平衡模式把一个或多个老旧小区与相邻的旧城区、棚户区、旧厂区、城中村、危旧房改造和既有建筑功能转换等项目捆绑统筹生成老旧片区改造项目，如马驿桥项目；跨片区组合平衡模式把改造老旧小区与其不相邻的城市建设或改造项目组合形成最终改造项目，如康桥华居项目；小区自平衡模式主要在小区内新建、改扩建用于公共服务的经营性设施，以未来产生的收益平衡改造支出，对小区本身可利用存量空间要求较高，如文化小区项目。根据现有改造案例的体量规模，可将改造模式分为三类尺度：一是街道尺度，即在街道范围内协调可利用空间资源，实行街道内多个小区的资源打包，通过强资源社区带动弱资源社区，实现多个小区的逐步更新，如大兴片区。二是小区尺度，即在小区内进行改造，主要调动小区内的空间资源作为置换条件进行改造，需要小区内拥有大量闲置空间进行改造，如劲松社区。三是单元楼尺度，即以某栋单元楼为改造对象，主要以单元楼房间“租赁置换”作为改造条件，适合不具备大量闲置空间、区域内难以联动但居民置换意愿强烈的楼房，如西城区真武庙 3 号楼项目。具体尺度选择主要根据改造区域可调动的空间资源与基层政府协调能力决定。目前，愿景也开始探索整区（顺义区）、整街道（垡头街道）为单元的城市更新模式。

（2）按照运作模式

按照投资—收益平衡分配机制大致分为以下模式：一是项目自平衡模式。主要适用于项目自身预期收益可以覆盖投入的城镇老旧小区改造项目。如单个项目满足现金流要求可单独申报，也可以社区、片区、城区为单位联合申报，通过同步规划、同步立项、同步实施改造，实现项目现金流整体自平衡。二是 PPP 模式。主要适用于项目预期收益不能覆盖改造成本的城镇老旧小区改造项目。通过引入社会资本建立 PPP 运营机制，以有收益改造内容产生的现金流作为使用者付费，以财政资金作为可行性缺口补助，统筹用于无收益改造内容，实现项目现金流整体可平衡。三是公司融资模式。主要适用于预期收益不能覆盖投入但又无法采用 PPP 模式的项目。可通过将区域内的停车位、公房等存量经营性资产以及城镇老旧小区改造后形成的相关资产、特许经营权或未来收益权注入改造项目实施运营主体，增强企业自身“造血”能力，以企业的经营收入平衡改造投入。

（3）按照资金来源

根据现有改造资金来源，可将改造模式分为三类：一是企业自有资金改造。以企业自投为主，基础设施、公共服务、经营性空间改造资金均由企业投入，如大兴片区中枣园小区前期投资均由愿景集团出资。此类项目对于企业流动资金要求较高，需要金融机构进行一定支持，企业进入存在一定门槛。二是多元资金改造。政府与企业共同出资，通过一体化招标对小区楼本体、管道、公共空间、便民服务空间共同改造。政府资金主要针对楼本体、管网等基础设施，企业资金主要针对公共空间、道路、便民服务空间改造等，如大兴片区中三合南里社区的改造。此类项目企业资金负担相对较小，政府专项资金可承担一定改造成本。三是垂直行业整体支持。以市、县为单位选取城镇老旧小区改造中某一特定行业进行系统整合，如加装电梯，加建停车设施，水、电、气改造，等，统一给予支持。其中改造前期多以企业自有资金改造为主，随着改造模式的成熟和试点的增加，多元资金改造开始增多，银行业针对老旧小区改造也推出相应的金融产品，如国开行（表 4-2）。济宁模式较为突出的是采用了综合融资模式，主要资金来源于政府专项奖补资金、抗疫国债、银行贷款（以国开行、农业发展银行、建设银行为主），企业投资以体量小、政府资金无法覆盖全、有商业收益的项目为主，对于企业属于“轻资产”运营模式。

国开行可用于老旧小区改造金融产品一览表　　表 4-2

<table>
<tr><th>序号</th><th colspan="2">产品类型</th><th>内容</th></tr>
<tr><td>1</td><td colspan="2">股权类产品</td><td>开发银行可参与投资、协助政府设立城市更新基金、老旧小区改造基金等</td></tr>
<tr><td rowspan="4">2</td><td rowspan="4">债权类产品</td><td>（1）银行间市场债务直接融资工具</td><td>开发银行可作为债权承销商承销实施主体发行的超短融、短融、中票、公司债等债券业务</td></tr>
<tr><td>（2）证券化债务融资工具</td><td>开发银行可帮助实施主体申请类 REITS、CMBS、ABS 等资产证券化业务，盘活存量资产，拓展多个融资渠道</td></tr>
<tr><td>（3）中长期贷款业务</td><td>借款人：符合银行要求的企业法人。
贷款用途：符合国办发〔2020〕23 号文要求的基础类、完善类、提升类的各种类型的改造内容。
资本金：按照国家对于资本金比例要求的最低比例，不低于总投资的 20%。居民出资、市区级财政补贴、政府专项债以及国有企事业单位等老旧小区原产权单位给予的资金均可作为项目的资本金。
还款来源：小区配套设施、公共服务设施等出租、经营收入；自行车棚、闲置锅炉房、堆煤场等多种经营资产的收入；企业公司现金流等。
贷款期限：最长为 25 年，宽限期（只付息不还本）最长为 5 年。
贷款利率：不高于贷款市场报价利率（LPR）。
信用结构：经营性资产形成的应收账款质押、资产抵押、保证担保、股权质押、企业信用良好的可采用免担保等</td></tr>
<tr><td>（4）流动资金贷款</td><td>可提供 1 年期、3 年期的流动资金贷款，用途为实施主体运营期的日常经营所需</td></tr>
</table>

资料来源：作者整理

2. 主要类型

愿景参与的老旧小区市场化改造主要通过存量空间的运营权和老旧小区的物业管理权，换取改造企业投入资金与政府共同完成基础类项目和部分完善类、提升类项目，并以相对优惠价格提供生活、养老、育儿等便民服务。其本质是根据更新后空间属性分异（以经济高效产出为目标的盈利性空间和以社会公益服务为目标的公益性空间①，盈利性空间主要包括商品住房、商业办公、产业空间等，公益性空间则包括公益性用地、公共空间和公共服务设施等方面②）形成两类空间权力：运营权和管理权，即通过盈利性空间的运营收益和公益性空间的管理收费获取企业微利。本书按照存量空间运营方式（商业租赁和住房租赁）、存量空间配置范围两个维度，结合典型案例将改造模式分为跨区域统筹平衡模式、小区自平衡模式、单元楼租赁置换三种类型，前两者以商业租用为主要盈利方式，后者以住房租用作为主要盈利方式，三种模式的资金平衡范围分别为两个小区以上、同一小区内、单元楼内（图 4-1），各地由于资金来源的差异存在分异。

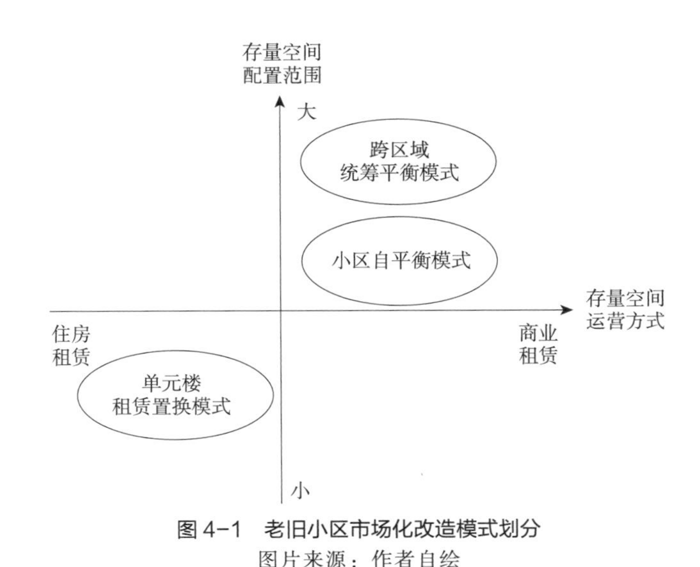

图 4-1 老旧小区市场化改造模式划分

图片来源：作者自绘

① 王国斌 . 基于利益平衡的城市更新研究 [D]. 广州：华南理工大学，2014.

② 袁奇峰，钱天乐，郭炎 . 重建“社会资本”推动城市更新——联滘地区“三旧”改造中协商型发展联盟的构建 [J]. 城市规划，2015，39（9）：64-73.

（三）典型案例

1. 跨区域统筹平衡模式（一）：大兴跨街道案例

（1）基本情况

大兴地区老旧小区改造实行“片区统筹，街区更新”模式，主要通过区级政府协调，以街道辖区为单位逐步实现全域整体更新。清源街道枣园小区、兴丰街道三合南里社区作为试点社区，总建筑面积约37.6万平方米，涉及居民4527户，居民16000余人。其中枣园小区是1993年建成的集回迁房、房改房、商品房、产权单位自管房等类型于一体的混居社区。小区总建筑面积约28.7万平方米，公共空间约3万平方米，含51栋楼，272个楼门，3380户居民，13100人，85家底商及5家辖区单位，建成年份为1996—2003年，居住的老人、儿童比例较高，属于典型的超大规模的老旧小区。小区存在基础设施陈旧老化且缺乏长效管理机制、原物业单位服务水平无法满足居民要求、社区空间闲置而便民服务功能不足等问题。三合南里社区建成于20世纪90年代，共有3个自然小区，分别为建馨嘉园、书馨嘉园和三合南里南区，总建筑面积约8.9万平方米，含16栋楼（北区三栋楼、东区三栋楼、南区十栋楼），1147户社区居民，3000余人。小区原为“三无”小区和产权单位自管小区，部分楼宇长期由街道兜底进行基础物业管理，存在基础设施陈旧、生活服务配套不足、居民投诉率高等问题，同时具有单个小区规模较小、空间分布分散、社区内可利用资源匮乏等问题。社区之外有一处闲置的锅炉房和堆煤场，多年无人使用。

2019年年底，区政府召开社区治理工作会，初步确定市场化改造工作方案。2020年1月，改造企业与区政府初步达成协议，将枣园小区—三合南里社区确认为改造对象。同年2月，改造企业开始进行居民调研与实地勘探。同年4月，设计方案初步形成并进行公示，同时开始与社区协商闲置空间经营权。考虑到社区内部闲置空间较少，企业与街道协商后协议免费获得社区外废弃锅炉房、底商十年期限使用权，十年到期后还可拥有十年续租权。锅炉房原有产权归属于大兴区某私有房企，经协调后归属于街道；东区三栋楼底商空间产权原属于小区所属国有单位，后单位将空间运营权转给街道。经过原产权单位、改造企业、街道三方协商后，街道和改造企业签订空间使用协议。改造企业与街道协商后，根据北京市住房和城乡建设委员会等九部门联合发布的《关于引入社会资本参与老旧小区改造的意见》及北京市办公厅出台的《关于优化新建社会投资简易低风险工程建设项目审批服务的若干规定》，可在产权不完整情况下简化规划、工商、消防等行政审批手续，以区政府会议纪要为依据进行办理，手续期大约在 1 个月。同年 7 月开始正式施工，10 月初施工完成，11 月改造空间正式运营。改造企业前期自投大量资金，2021 年年底与政府合作进行一体化投资加投部分资金。政府资金主要负责楼本体改造，企业资金主要针对宅间景观、道路、智能化改造与闲置空间改造投资。

（2）建设成效

两区采用片区内空间资源统筹的方式，以三合南里社区优势空间资源改造作为两区改造的资金平衡来源（图 4-2），以“简易低风险”工程形式新建便民业态。枣园小区在基础改造中重点优化提升社区内公共区域的交通动线、绿化景观、休闲运动设施、智能设施等，包括大门（新建南门、东门）、小区道路、公共设施、物业活动中心、中心广场等；同时利用小区内闲置空间引入便民配套设施，包括文具书吧、主厨厨房、

图 4-2 枣园小区—三合南里社区改造后情况
图片来源：作者自摄

便民超市等。三合南里社区打破单个社区的物理空间边界，以所在兴丰街道辖区为基本单位，首期以建馨嘉园、书馨嘉园社区内部品质提升及锅炉房、堆煤场、底商等社区外闲置空间改造提升再利用为重点，形成小围合、大开放的街区全域整体更新。改造目前已完成建馨嘉园、书馨嘉园两小区内部公共区域绿化景观、休闲运动设施、公共照明、地下管线整理等优化提升工作，同时辐射街区的两大便民配套服务中心，底商兴丰·愿景便民生活坊及锅炉房改造的街区便民中心——三合·美邻坊均已完工正式投入运营。其中堆煤场改造成为体育中心，每天都有对居民免费开放的时间；锅炉房一层改为便民菜场、底商，二层改为社区食堂、裁缝店、文具书吧、便民理发、会议室等便民服务，三层改为书店，大约可覆盖周围13个社区、约10万人的15分钟生活圈。书馨嘉园将700平方米左右的原流动人口居住区改造为底商，引入超市、奶茶店、药房、理发店等便民业态。针对经营性空间，愿景集团通过招商方式引入，并以相对低于市场价格的租金要求服务业态为小区居民提供一定优惠，如打折、针对老年人的免费服务等。此外，愿景物业团队同步接入，接管小区改造后的物业管理和空间运营，提升社区基础物业服务水平。

（3）收益方式

枣园小区项目中，企业前期自投3600万元，其中，2800万元用作除修建停车场之外的投入，剩余资金2021年年底修建停车场。此外，2021年年底与政府一体化投资对楼本体、公共区域景观、道路、智能化改造进行改造，其中，企业投资829万元，主要针对区域景观、道路、智能化改造。目前，该项目收入主要来源于物业费和经营性空间租金。物业费暂时与改造前持平，为0.55元/平方米，约60%居民缴纳了物业费，但物业成本在1.6~2.2元/平方米，仍处于亏损状态。经营性空间目前为240平方米，平均租金为2~3元/平方米/日，预计未来经营性空间为1200平方米。停车场暂未修建，故停车费暂时不计入收入。整体大约12年收回成本，利润率预计6%~8%。在三合南里社区项目中，企业目前已投入3200万元，其中锅炉房改造花费2000万元左右，此外，还投资改造了社区内地下管线。目前，该项目未开始收取物业费，收入主要来源于经营性空间租金，经营性空间为3800平方米。整体预计约8年收回成本，利润率预计6%~8%。两试点区综合运营，整体约10年收回成本，利润率预计6%~8%。

（4）存在问题

居民意见不统一。虽然项目前期在居民中进行了大量调研与解说，但仍有部分居民不同意改造。改造过程中，不同居民对改造方案意见不同，例如对于小区休憩用地的修建选址、道路维修等难以形成统一意见。故改造过程中常出现居民通过 12345 热线进行投诉的情况，需要社区居委会与物业公司进行电话、上门回访，一定程度上降低了改造工作效率。

规划审批政策难以突破。改造过程中需要通过运营大量经营性空间回收改造成本并获得利润，但现有空间用地性质往往不能满足商用需求，需要进行转换。根据现有规划审批法规，该类转换手续还未形成统一可复制流程。例如锅炉房作为供热用地改为便民配套设施后，缺乏消防验收手续指导；利用违建、产权不明晰的空间改造的便民配套，在规划许可、消防验收上也缺乏手续办理规定。目前，该类空间用地通过与区政府开会协调，以会议纪要办理手续，在长效推广上还有一定难度。

国有资产存在流失风险。该项目中部分经营性空间产权属于国有单位，通过和街道办事处签订使用权转让合同后，由街道办再将使用权转让给企业。老旧小区中普遍存在经营性空间产权属于国有单位的情况，私营企业使用会带来国有资产流失的风险，国有产权单位不得不谨慎处理产权转移工作，故在其他老旧小区改造中难以复制推广。

（5）适用条件

大兴跨街道统筹试点案例形成的“大兴模式”主要特点是区政府打破街道边界，拓展老旧小区更新的行政管辖界限，针对单个老旧小区内部资源挖潜困难的情况，通过党建引领、政府主导、多元参与，统筹相邻社区组成的“街区”乃至全域资源，以区域内强势资源带动自平衡及“附属型”弱资源社区，形成资源互补的组团联动改造。实现“片区统筹、街区更新”具有三个基本适用条件：一是区政府高度统筹。大兴区在住建委下专门成立“老旧小区综合整治事务中心”，负责大兴区老旧小区综合整治联席会办公室的日常工作，负责对老旧小区综合整治、危旧楼房改建、各属地既有多层住宅加装电梯等工作进行政策指导。二是街道社区高度配合。街道社区定期开展改造工作推进会，积极主动推进老旧小区改造工作。三是统筹社区空间区位基本毗邻。从空间资源的共建共享共用角度，跨街道统筹的社区毗邻是客观条件，飞地情况存在但数量较少。

2. 跨区域统筹平衡模式（二）：鲁谷跨社区案例

（1）基本情况

鲁谷街道下辖 22 个社区，愿景鲁谷项目改造包括五芳园社区、六合园南社区西院、七星园南社区三个社区，共 7 个院落，26 栋楼，271 个单元，4089 户居民，老年人比重达到 37%，整体改造面积为 26.7 万平方米，综合整治涉及 45 家产权单位和 15 家物业公司，其中 6 个单元缺少物业公司管理。改造前物业管理缺位，基础设施老化、停车矛盾突出，改造诉求强烈。2019 年 12 月项目启动，次年 1 月，鲁谷街道与愿景签订战略合作。基于“物业先行、整治跟进”原则，鲁谷街道委托愿景集团下属的北京诚智慧中物业管理有限公司以应急物业身份接管了鲁谷街道下辖属三个社区的物业管理与统一服务工作。2020 年 4 月启动一体化整治项目招标，6 月招标完成，六合园、五芳园、七星园陆续动工，2021 年，项目全面竣工（表 4–3）。鲁谷跨社区案例是全国首例成立首个物业管理委员会（简称物管会）党支部，率先探索党建引领物业管理新模式，也是全国首例进行投资、改造、运营管理一体化招标老旧小区改造范式，物业接管一个半月后相关 12345 投诉率下降超 50%。

鲁谷项目社区更新改造推进历程　　表 4–3

时间	主要内容
2019 年 12 月	鲁谷街道作为实施主体试点项目启动
2020 年 1 月	鲁谷街道与愿景集团签订战略合作
2020 年 3 月	确定社区改造进程中引入社会资本，采用建管结合模式
2020 年 4 月	一体化招标工作启动
2020 年 4 月 22 日	社区物业管理委员会委员公示工作完成
2020 年 4 月 23 日	社区物业管理委员会备案工作完成，物业管理委员会正式组建
2020 年 6 月	一体化招标工作完成，基本完成物业双过半
2020 年 7 月	获得施工许可，六合园社区改造项目启动
2020 年 8 月	五芳园、七星园社区改造工程启动
2020 年 11 月	六合园除立体车库外改造完成
2021 年 4 月	智慧社区建设，六合园立体停车综合体竣工
2021 年	鲁谷项目全面竣工

资料来源：作者整理

（2）收益方式

该项目具体运行逻辑如图 4–3 所示，主要收入来源为物业费、停车费与增值服

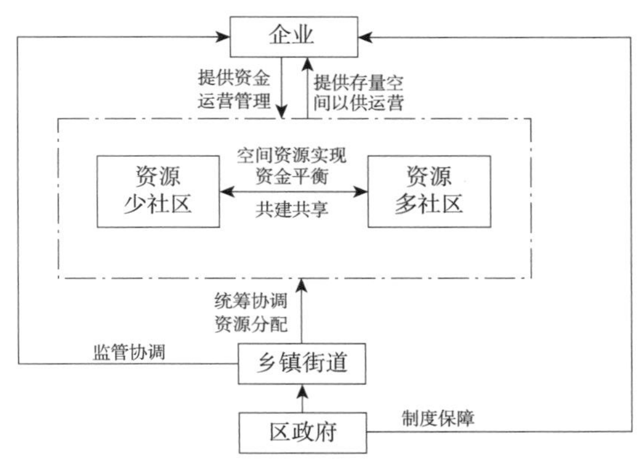

图 4-3 项目具体运行逻辑

图片来源：作者自绘

务收费。街道将授权资本方通过运营区域内低效闲置空间、停车管理权、广告收益等来获取回报。物业费分类别收取，商品房按市场评估标准收费，房改房由居民与产权单位共同支付费用，公房由产权单位支付费用，目前已有 17% 的居民缴纳了物业费。停车费按照 150 元 / 月收取。增值服务包括上门维修、上门保洁、家装合作、养老服务。

（3）主要成效

鲁谷项目改造遵循“物业先行、整治跟进，政府支持、企业助力，群众参与、共治共享，资本运营、反哺物业”的路径，工程改造、物业管理、社区治理整体统筹推进。资金投入主要分为三个部分，由愿景集团和政府资金一体化招标投入，市、区财政专项资金负责楼本体改造与公共区域提升，主要包括户内改造、楼道整治、楼体改造、公共设施改造、景观环境提升；市政专业单位负责市政管线更新，包括燃气管线、热力管线、自来水管线；愿景集团则负责配套设施补充、便民功能完善，主要针对立体停车综合体新建、自行车棚改造、智慧社区建设，资金投入 2300 万元，平均成本约 1000 元 / 平方米。鲁谷项目在实施过程中将街道片区内多个老旧小区项目打捆招标，有效整合片区资源，合理利用闲置空间，改造效果显著（图 4-4、图 4-5），使得公共空间提高使用效率，降低管理成本，提升工作效率。鲁谷项目建立了老旧小区“一体化招标、一揽子改造、一本账统筹、一盘棋治理”的长效机制，是全国首例老旧小区综合整治“投资 + 设计 + 改造 + 运营服务”一体化招标模式，实现社会资本参与路径的突破，具体成效如下：

图 4-4 改造后社区景观
图片来源：愿景提供

图 4-5 闲置空间利用前后对比
图片来源：愿景提供

丰富社区服务质量和服务效果。“鲁谷模式”社区更新改造以居民的诉求为导向，在社区物质环境改造方面，通过改造外立面以及飞线入地、修整老旧管线等方面进行整改。针对居民对停车位供不应求的需求，通过合理调整社区空间布局，设置立体车库等方式，增加社区车库数量，缓解社区“停车难”问题，通过对社区存放非机动车空间的改造，规整了非机动车的停放，增强了车辆停放和使用的安全保障。在社区社会环境改善和社区服务质量提高方面，政府通过购买公共服务的方式，为社区居民提供健康医疗、社区养老、心理疏导、文体娱乐等多元化服务保障。丰富了城市社区服务的内容，提升城市社区服务质量和效果。市场化的核心是竞争，引入企业竞争机制，将政府和市场有效结合。政府有资源无商业经验和技术，企业有技术和经验但无资源，通过复合整合配置政府权威制度与市场交换制度的比较功能优势，来实现资源的有效配置，最大限度满足居民需求，最终实现政府力量、企业力量和社区居民的共赢。

提升居民参与积极性和有效性。公众参与是社会群体共同参与的一种社会行为，关注自身利益和社会公共利益。在“鲁谷模式”社区更新改造的新模式下，政府不是公共权力的唯一主体，市民个人、非政府组织等也可以成为公共管理的主体，公共参与鼓励公开协商沟通。社区更新改造过程中，衡量一个社区参与程度的高低，社区居民广泛参与社区公共事务的程度是一个重要的标准，公民实质性的参与是全社会责任意识发展提升的关键标尺，也是利益关系者相互协调、分配和调整的过程，参与式社区更新与治理为利益相关者搭建了沟通的桥梁，拓展有效沟通的渠道。

协调居民互助关系，增强凝聚力。社区公共空间是社区居民交流沟通的平台，也是提升社区活力的重要突破点。城市社区改造过程中，通过改造公共设施、提升社区景观环境等对公共区域进行修缮提升，增加公共空间的观赏性和开放性，如利用公共空间修建空中花园、修缮社区文娱空间、建设社区老人食堂等，提升社区公共空间的界面品质和实质内容，实现空间的有效利用，不仅为社区居民提供承载公共活动的场所，也为社区居民之间多样化认知、沟通、交流提供了空间场所和互动平台。通过满足居民多元、互动、交往的需求，协调居民关系，构建和谐的社区氛围，增强社区居民凝聚力与归属感，最终实现社区全面综合发展。

（4）存在问题

经营收入与盈利空间有限。该项目目前主要有两类收入来源：一是物业费。虽然物业费作为主要收入来源，但物业管理还未得到居民信任，仍处于“先尝后买”的前期体验阶段，物业费相比改造前 80% 的缴纳比例偏低，收入有限。二是提升类项目收入。提升类项目是丰富社区服务供给、提升居民生活品质、立足小区及周边实际条件积极推进的内容，主要包括养老、托育、助餐、家政保洁、便民市场、便利店、邮政快递末端综合服务站等社区服务设施及其智慧化改造，消费市场有限，难以带来持续性收入。此外，小区经营性空间有限，无法通过改造经营性空间获得租金收入，故该项目整体对企业而言盈利渠道有限。

配套设施改造手续有待完善。根据北京市规划和国土资源管理委员会印发的《关于加快推进老旧小区综合整治规划建设试点工作的指导意见》文件精神，该项目重点改造的立体停车综合体实际没有产权；而社区内部的便民设施改造按照相关规定也可以不经过规划审批，故在制度上处于“违建”的灰色地带，后期的服务运营存在一定制度上的隐患。

信息鸿沟阻碍有效沟通。老旧小区改造过程中，企业、政府、居民等主体掌握信息程度不同、侧重点不同、获取信息的滞后性不同，不同的参与主体出于各自的利益视角，关注的重点也不尽相同。调研发现，缺乏通畅、及时、完整的信息传输渠道和沟通平台，主体间无法就所知信息进行有效交流沟通，政府和企业针对社区改造可能与居民所期望的目标和关注的重点有所出入，影响资源配置的合理性和有效性，也对更新改造的成效产生影响。

（5）适用范围

政府具有高度统筹能力。各级政府形成以规模化管理化解政府治理痛点的思想共识，通过大片区市政服务的充分供给，社区治理实现物业化、专业化，协同政府网格化管理，建立“物管 + 城管”的管理协同机制和保障政策体系。

居民公共服务供给优化。改造社区具有美好场景和长效运营能力，养老、文化、便民等公共服务体系完善，有效实现资源互通、服务共享，通过居民“自营 + 协同”有效提供公共服务。

企业获取合理合法收益。企业通过空间合法授权经营、多样化资源平衡成本、大片区管理人员复用、总部规模集中采购、智慧社区技术共享等规模经营降低成本，高效开展大片区物业工作，获得“空间 + 运营”的规模效益。

3. 跨区域统筹平衡模式（三）：济宁国开资金案例

（1）基本情况

2020 年，任城区实施 3 个老旧小区改造“4+N”融资试点项目，形成了大片区统筹平衡模式、小区自平衡模式、跨片区组合平衡模式，共涉及 14 个老旧小区，单体建筑 114 栋，居民 4479 户，建筑面积 37.5 万平方米。2020 年以来，任城区共争取市级以上改造资金 5929 万元，发行抗疫国债 1.5 亿元；将财政资金、资产注入区属企业任兴集团，作为项目改造运营主体，申请国开行贷款 5 亿元。

项目的投融资主体为任城区政府授权任兴集团有限公司全资子公司济宁创展置业有限公司。按照市场原则，采取 EPC+O 模式公开招标引入愿景集团参与项目的策划设计、施工、运营、物业管理等工作。创展置业公司综合利用中央、省级各项专项奖补资金，国开行“老旧小区改造专项贷款”，农业发展银行贷款，抗疫国债等资金与区政府、区属平台闲置低效资产，作为老旧小区改造及经营性建设资金资产来源，进行改造建设。此外，通过多方优势互补、联合成立“综合运营平台”，联合愿景集团共同运营划拨资产与老旧小区改造资产，以运营收入作为融资还款来源，成功申请政策性银行贷款，二者共同对国开行还本付息，探索了老旧小区改造投融资的创新模式，具体实施逻辑框架如图 4-6 所示。其中，康桥华居小区属于济宁市任城区康桥华居跨片区平衡模式项目中的改造小区之一，位于山东省济宁市任城区观音阁街道皇营社区，其他三个小区分别为皇营老区、滨河庭院、康桥华居南区。四个小区紧密相邻，共有 24

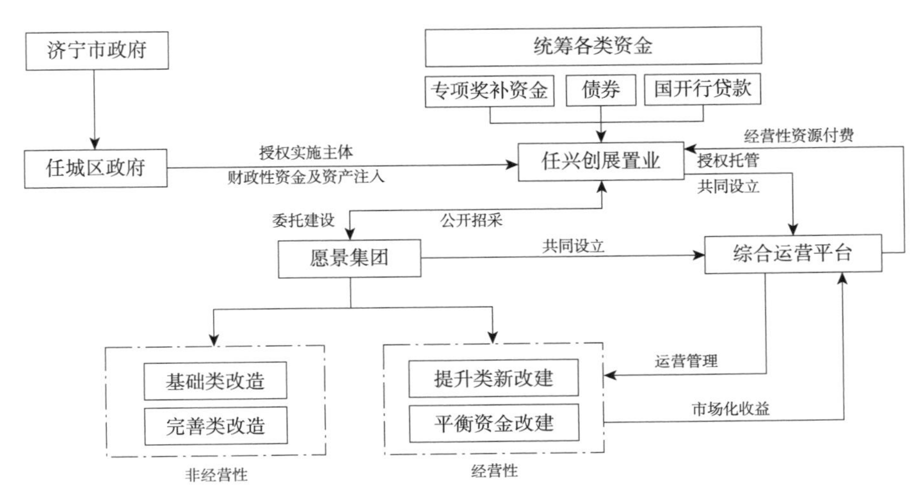

图 4-6 济宁项目实施逻辑框架

图片来源：愿景提供

栋居民楼，总体量 9.7 万平方米，涉及居民 1142 户。项目实施主体为山东省济宁市创展置业公司，改造投资共 3106.9 万元。

（2）收益方式

项目投资回收期为 23 年，包括 3 年建设期，20 年运营期，资金主要来源于政府改造资金、抗疫国债、银行贷款资金。其中，2020 年以来，任城区共争取市级以上改造资金 5929 万元，发行抗疫国债 1.5 亿元，成功申请国开行贷款 5 亿元。项目收入主要来源于两部分：一是资产运营收入，由任兴集团与愿景集团联合成立“综合运营平台”，将区属、部门划拨资产改造后运营获得收益。其包括新增便民服务中心、停车场、人才公寓、社区食堂等有收益的服务设施，通过 20 年运营获得的现金流。二是愿景集团物业公司进入小区后的物业收入。以康桥华居项目为例，物业费为 0.5 元 / 平方米 / 月，2020 年，物业费收缴率为 98%，2021 年，收缴率为 90%，但整体收入目前仍无法覆盖支出。

（3）主要成效

项目涉及居民楼本体改造、管线、景观、智能化、便民服务配套改造等内容，依据《济宁市支持城镇老旧小区改造十条措施》统筹市政基础设施更新改造，要求供水、排水、燃气、供热、通信、广电等专营单位积极支持和配合地方有关部门，优先安排涉改老旧小区相关线路和设施的改造。产权属于专营单位的由专营单位负责改造，产权不属于专营单位的，专营单位承担公共部位管线改造总费用的 50%。具体实施过程中采用“结合施工”“共沟共管”等方式，实施“弱电下地”有序化改造，由专营单位负责改造，资金由各相应单位承担，并与老旧小区改造同步设计、同步实施。改造后的专营设施产权同时移交给专营单位，由专营单位负责维护管理。在改造过程统筹考虑各工种施工流程，优化改造顺序，提升工程推进和资金利用效率；联合专营单位、小区居民成立了“飞线整治联盟”，由建设单位负责开挖地下管沟、埋设管道，各专营单位按照施工划片将线路接入“弱电综合管槽”，所有弱电实现了“共沟、共管、共箱、共槽”，居民通过分支箱转换网络插头，即可更换网络运营商。同时，济宁市预留了 5G 通信网线、智慧物业线路等管位，为“新基建”走进老旧小区留足了升级空间。

项目改造充分利用闲置空间，发展“小区微经济”。通过对社区空间重新规划，增设乐善会客厅、手工作坊，定期举办“跳蚤”市场。同时，依据居民需求改造提升活动广场 5 处，共 830 平方米，增补配套服务用房 5 处，共 260 平方米，并引入缝纫织补、社区食堂、健康驿站、社区活动等服务功能；通过宅间空间重新规划，增加停车

图 4-7 济宁康桥华居改造后现状
图片来源：作者自摄

位 130 余个，有效缓解了老旧小区停车难的问题；引入智能化服务设施，增加门禁安防 4 处、普通摄像头 32 处、人脸识别摄像头 3 处、社区智慧大屏 3 处，整体改造效果显著（图 4-7）。

（4）存在问题

部分闲置资产难协调。济宁项目模式收益主要来源于低效、闲置资产的改造运营，以此收入对银行贷款进行还本付息。目前，经协调可利用的资产多为区属、部门资产。由于失去改造实施主体身份后上级拨付资金减少，街道在改造工作中积极性有限，故对于街道所属资产协调难度较大，则部分小区缺乏可经营性空间的使用权和收益权，造成了收益渠道有限、改造成本难以回收的问题。

专营单位改造调动有难度。济宁市改造统筹弱电、燃气、热力等专营项目共同进行，需要各专营单位共同参与排期施工，以实现“共沟、共管、共箱、共槽”的改造效果。部分专营单位由于不涉及利益结果分享，对于改造进度并不积极响应，一定程度上影响了整个改造建设过程的施工进度。

改造期间考核机制待改进。项目施工改造过程中，开工期、施工效率、改造期限是项目统一考核标准。但不同项目具体情况不同，以统一标准对不同项目进行考核，某种程度上会导致个别项目为完成考核指标粗放改造，难以达到改造预期的精度和深度，有违改造最初的意愿与初衷，还可能造成循环改造的困境。

多元主体统筹协调难度大。省、市、区、街道政府部门、居民、城投公司间关系协调较为复杂。济宁任城区项目以区级政府作为主要统筹主体，对上联系省、市级相关部门，对下调动街道、居委会改造积极性。城投公司作为主要投融资引进主体，并与愿景集团共同打造综合运营平台，针对居民需求对老旧小区进行改造，引入新的物业管理公司，进行物业管理与后续社区运营。项目涉及的层级、角色、利益关系多样复杂，协调难度较大，对于项目实施推进有一定难度。

（5）适用条件

区政府作为实施主体承担统筹协调责任。济宁市城市更新改造模式包括大片区统筹平衡、跨片区组合平衡、小区自平衡模式。政府部门主要推进主体为区级单位，需要区级政府具有较高的统筹协调能力，协调跨区域及区域内现有可利用资产支持运营工作，调动专营单位配合改造建设工作，督促街道、居委会辅助完成改造过程中的居民工作，以最终推动各方共同完成项目改造、运营、管理。

各项资金筹措渠道较为完备。济宁市项目资金主要来源于政府专项改造资金、国债、国开行及其他银行低息贷款，企业本身自投资金较少。该种运作模式适合三、四线城市企业投资有限的情况，需要各方资金共同支持，投融资政策和平台较为完备，以引进前期改造所需资金，达到企业“轻资产”运行的目标。

内外企业分工合作。北京愿景集团、创展置业公司两个实体在联合运营公司中有明确的定位、优势、分工：由北京愿景集团负责老旧小区改造项目的规划、设计、施工、运营等；由创展置业公司向国开行申请“老旧小区改造专项贷款”，用于老旧小区改造及经营性资源建设，并作为投资管理单位，负责改造建设实施。充分发挥联合运营公司在项目融资中的主阵地、主平台作用，履行好项目运营、监督、协调等职责，并由其负责实现老旧小区改造项目的运营收益，二者共同对国开行还本付息。

专营部门密切协作。项目实施单位牵头，推动专营单位年度更新改造计划与老旧小区改造计划匹配，明晰管线改造与旧改施工交界面，提前实施减少因交叉施工对旧改的影响，降低对居民生活的干扰。

4. 跨区域统筹平衡模式（四）：重庆 PPP 案例

（1）基本情况

重庆九龙坡城市有机更新项目是全国首个 PPP 模式城市更新项目，由重庆市九龙坡区发展和改革委员会以九龙坡发改委投〔2020〕518 号批准建设，并由重庆市九龙坡区人民政府授权重庆市九龙坡区住房和城乡建设委员会作为实施机构。项目由渝隆集团作为政府出资代表，与中选的社会资本共同出资组建 SPV 项目公司。采用 PPP 模式下的“ROT”（重整、运营、转让）运作方式，本质上是以投资主体的信用（未来收益）为抵押的借贷行为。项目涉及六大片区、四个街道、八大社区（表 4-4），总规模 102 万平方米，涵盖 366 栋楼，共 14336 户居民，总投资 3.7 亿元，社会资本“投资、融资、设计、建设、运营和移交的全过程管理”，合作期限为 11 年（1 年建设期，10 年运营期）。项目由九龙坡区政府的平台公司（占股 20%）和愿景集团公司（占股 80%）共同组建，重庆建设银行九龙坡分行提供 2.8 亿元贷款，占总投资额的 80%①。2020 年 11 月进场,2021 年 12 月验收。本项目设计单位为愿景旗下的九源设计，施工企业为核工业集团公司，物业管理为和家物业。

九龙坡项目概况 表 4-4

涵盖小区名称	涉及栋数（栋）	涉及居民户数（户）	改造面积（万平方米）
红育坡老旧小区	88	3746	12.6
埝山苑片区老旧小区	31	1588	6.6
杨家坪兴胜路片区	54	1973	14.53
兰花小区	19	1840	19
杨家坪	129	4314	41.79
劳动三村	45	1145	7.8

资料来源：作者整理

项目坚持“消隐患、提环境、补功能、留记忆、强管理”的原则，建立区级统筹、街道主导、社区协调、居民议事、社会资本实施的多方共建机制，引进社会资本，建立风险共担、利益共享的创新模式。政府主要负责政策支持，社会资本负责投融资、建设、运营，极大地缓解政府投资压力，发挥愿景集团资产管理优势，重塑片区商业环境，激活片区低效与闲置资产。项目改管一体，搭建长效运营机制，既注重硬件设施的人性化提升，又注重“三感”社区的人文化缔造，实现改管一体化，确保改造效果最大化，管理效果最简化，服务效果最优化。

① 按照规定，银行贷款低于总投资的 80%。

愿景集团通过大片区统筹物业接管，根据老旧小区特点系统规划，突出社区特色，提供多样化社区管理服务：一是空间层面。打造2个邻里中心、N个活力节点（活动广场、宅间院坝、社区商业、便民空间等）。邻里中心具有邻里亲情空间、保障服务中心、便民惠民窗口等定位，实现空间环境质量的优化。二是治理层面。建立党建引领、共建共治共享机制，通过建立入驻社区大党委的“1+3+N”组织架构、双周召开居民议事会行动规则、发展社区志愿者共建共治治理手段，实现社区社会氛围的改变。三是服务层面。通过“物业+”完善社区服务与多样社区文化，保障基础物业、参与五角行动、实施科技防疫，在养老、医疗、助餐、家政等方面提供微利收费服务，组织电影节、摄影展、睦邻会等免费服务，实现社区服务质量的提升。四是智慧层面。以强化安防、提升效能、激发活力、数字化运营等新技术的推广，提升管理效率和安全防护标准。

（2）主要成效

本项目导入社会资本与专业能力，从而缓解项目融资压力，提升项目改造效率，塑造良好城市形象，提高居民幸福指数。以白马凼社区为例，其属于九龙坡区渝州路街道下辖的“农转非”小区，至今为止约有30多年的建成史，现作为九龙坡区城市有机更新老旧小区改造项目的示范区，是重庆市打造老旧小区改造创新模式的样板。示范区改造范围涉及296户，9栋，2.2万平方米，立足打造“五感”社区（图4-8）：一是安全。通过修复开裂、破损的路面和台阶，增设安装防护栏杆，更换阻燃雨篷，架空线规整，修复屋顶防水，完善消防设施，等，保障居民的安全需要和基本生活需求，解决社区安全隐患的痛点问题，保障居民生活安心。增加智能安防，包括摄像头系统、道闸系统、监控调度室等，打造完整的社区安防系统，提升社区居民出入安全性。通过覆盖布点多个探头，并将小区现有的监控、车行道闸等电子设备纳入统一智能平台管理，以智慧中控室为中心，通过智能设备解决安全、环境、服务、文化问题，提升居民获得感。通过人工智能技术，实现对高空抛物事件的抛物录像截取智能监测，帮助社区减少高空抛物的情况发生，有效提升社区高空抛物事件的监管力度。二是品质。首先是解决停车难问题，通过新增智能化设施，在原有能停6台车的20余平方米空地上建成新型机械停车楼，拥有车位36个，让“有车一族”快速停取车。清理长期占道车辆，在保障人车顺利通行、生命通道畅通的前提下，重新规划路内停车位、小区空地停车场停车位。规范停车场管理，配备物业管理人员，保障道路交通安全、指导停车安全有序。其次是解决一老一小问题，在公共区域设置文娱活动广场，添置乒乓球

图 4-8 白马凼改造后
图片来源：愿景提供

台、健身器材、儿童游乐场，规整小区及广场绿化，形成“全年龄”亲近自然、休闲健身好场地。建成白马凼睦邻会客厅，设置阅读区域，让群众拥有阅读、下棋、书画、会谈等固定场所，在小区楼道、休闲座椅等社区“细微处”安装适老化设施。最后是整治环境，实施环境美化项目，建设白马凼风雨长廊，串联小区楼栋，规整隐藏“三线”。统一底商招牌设置，营造社区商业氛围，打造楼间休闲区域，铺装路面，更新公共绿化，实现“开门见绿、推窗见景”。三是人文。设计提炼“白马一家人”的文化 IP 形象，以“幸福”为核心主题完善人文功能、积淀文化元素魅力，通过文化与景观融合，共创社区记忆。四是活力。实施人文提升项目，弘扬社会主义核心价值观，强化居民自治，发动居民建言献策、参与整治，举办送温暖、科普、书法等群众性活动，选取居民书法作品为门牌标识、风雨长廊展示，浓厚社区文化氛围。五是绿色。在现有植物框架的基础上增加植物种类（地被植物为主），以色叶灌木为主，点缀少量时令花卉，丰富层次（中低层），增加色相变化，提升景观效果，打造绿色生态社区。结合白马凼社区现有商业，组织厨余垃圾再回收，举行居民回收垃圾的活动，打造九龙坡区老旧小区更新改造低碳绿色社区示范项目，创领“垃圾分类新时尚”。改造内容分为三类：一是基础项，包括楼本体粉刷、阻燃雨篷及门窗更换、楼道扶手更换、车行路面修复、人行路面修复、院坝地面修复、防护栏修复、防水修复、台阶修复、雨污管网改造、室内外三线规整、边坡堡坎整治、安防系统增设、垃圾分类设施设备增设等；二是完善项，包括绿化改造、景观小品及宅间家具增补、户外公共照明设施改造、康体设施增设、适老化设施增补、停车位规范、公共机械停车楼增设、主要出入口改造等；三是提升项，包括会客厅、社区服务中心、月亮门公园、社区公园、智慧社区等。

以劳动三村为例，劳动三村属于九龙坡区谢家湾街道下辖的社区，至今最早建成的楼栋有 30 多年建成史。从改造策略方面遵循三个原则：一是改管一体，长效管理。通过对居民需求调研，补充、完善和新增社区服务功能，引入社区物业对项目进行长效运营，保障社区改造后的可持续管理。二是修旧如旧，再现往昔生活场景。保留劳动三村原始风貌，建新如故，规整空间肌理，尊重人居生活，旧貌换新颜。三是传承三线军工文化，尊重历史文脉。通过对劳动三村的历史文化挖掘，结合改造点位植入文化内容，弘扬时代背景下的艰苦奋斗精神。改造成效包括四个方面（图 4-9）：一是消除安全隐患。通过修复开裂、破损的路面和台阶，增设安装防护栏杆，更换阻燃雨篷，加固发生位移的堡坎，修复屋顶防水，完善消防设施，改造 C 级危房加固，保障居民的安全需要和基本生活需求，解决社区安全隐患的痛点问题。二是完善功能设施。补充和完善体育健身设施、儿童游乐设施、文化休闲设施，加装适老化设施，整治小区及周边绿化，新建机械停车楼，等配套设施，满足居民生活便利需要和改善型生活需求。三是提升社区品质。利用小区内低效闲置物业、空地、荒地、绿地等空间，丰富社区服务供给，增设美好会客厅、居民服务大厅、社区食堂等社区专项服务设施，打造共享有机花园、社区公园等共建共享空间，提升居民生活品质，营造温馨美好的社区氛围。四是风貌传承人

图 4-9　劳动三村改造效果

图片来源：愿景提供

文。完善人文功能、积淀文化元素魅力，通过标识、文化墙、小品装置等方式，纪念和传承百年建设厂艰苦奋斗的企业精神文化。保留劳动三村原始风貌，规整空间肌理，尊重人居生活，感恩致敬国防守护者、城市建设者，延续记忆，重现温情。

（3）收益方式

本项目资金平衡模式分为三类：一是大片区统筹平衡模式，强化存量资源的整合利用，实现补充平衡；二是跨片区组合平衡模式，通过建设运营一体化，实现收支均衡；三是小区内自求平衡模式，规划整合。利用地下空间、腾退空间和闲置空间补建区域经营性和非经营性配套设施，以未来产生的收益平衡老旧小区改造支出。资金平衡资产来源有八种类型：一是老旧闲置办公楼宇；二是老旧闲置商业楼；三是沿街铺面出租收入；四是社区便民服务用房出租收入；五是停车收入；六是物业管理收入；七是单元门广告牌出租收入；八是楼栋清扫保洁收入。本项目每年需要 4000 多万元还本付息，营收仅有 1000 多万元。为开拓收益来源，采取平台思维和捆绑算账的形式，如盘活国有闲置资产（如地在九龙坡的，产权沙坪坝的一块飞地资产，采取联合改造经营的形式）。再拆迁改造区域面积除了居民还房外主要形成长租性公寓，第七年可收回投资，弥补前期投入的亏空部分。

（4）存在问题

各关联业务单位协调统筹难度较大。老旧小区改造项目由住房和城乡建设委员会统筹协调，但在实际工作中缺乏相应统筹机制。如水、电、气、通信部门等单位，其年度计划不一定与政府的老旧小区改造计划同步，在改造工作推进中，涉及水、电、气管线规整，通信基站美化等具体事务时，企业或部门内部走流程需要较长时间，可能导致改造进程延滞、改造不彻底等现象发生。

各政府职能部门资金协作问题突出。《国务院办公厅关于全面推进城镇老旧小区改造工作的指导意见》（国办发〔2020〕23 号）中要求多元主体参与，各个产权单位自己的资产，应由各个产权单位出资一起打造，这是理想化状态，但推进很难。市政绿化、市政管网、城管局等政府职能部门的资金计划各不相同，老旧小区改造中涉及管网整治、市政设施、城市治理等相关事项时，各部门无法协调相应资金推进改造工作，“谁出钱、谁改造”的问题矛盾突出，项目推进较难。

低效资产的运营权争取较为艰难。改造片区中存在部分低效国有资产，占据较好的地段口岸，但缺乏管理、运营不佳、严重影响城市的面貌与形象。社会单位完全可以凭借其长效运营的专业能力，盘活这些低效资产，实现整体更新改造。但这些资产的权属为部分中央直属企业与国有单位，也存在权属单位与行政管辖单位可能不一致的现象，而且国有资产的管理要求较高，低效资产的价值评估有实际价值与价格不匹配的情况，造成资产运营权的谈判比较艰难。

零星土地上的新建建筑或公共空间缺乏制度性支持。在通过老旧小区改造整理出来的“边角地”“插花地”“夹心地”等零星土地上，新建微空间或小型建筑，用于给社区居民提供生鲜菜场、便利店、老人食堂、停车服务等生活配套。由于缺乏明确的政策指引，这类建筑或空间在确权、报规、审批、收费等方面存在不合理的现象。如将社区市政绿地改造为居民的公共活动空间，为老人、儿童提供健身场所、游乐场地，市政部门将收取数额不低的占绿费。从民生工程的角度来看，这笔费用增加了改造成本。

改造实施过程中节能理念的落地性问题。结合国家所倡导的绿色、节能、低碳理念，在现有的老旧小区改造模式下，可参照新建项目节能设计及验收模式，给出一揽子设计类菜单，供实施单位进行选取，以提升落地性，并全面推广，避免出现利用不充分等问题，实现资源价值的最大化；也可以由相关部门牵头，对旧改中涉及的屋顶或局部空间进行新能源发电、建渣综合二次利用、绿植残枝转化为有机肥等进行试点申报，并给予一定的补贴。

合作年限的合理性设置问题。该项目原计划建设期 1 年，运营期 10 年，从项目实际运作看，由于改造复杂性和不断调整，建设期 1 年难以满足，2 年建设期，15 年运营期可以有更充裕的时间。

（5）适用条件

重庆愿景老旧小区改造是全国第一个 PPP 项目，适用条件如下。

政府制度支持。重庆市制定了相对完善的老旧小区更新政策制度、技术标准体系，有力支撑改造项目的顺利实施。此外，本项目区政府聘请单独的第三方咨询机构，对资金监管和行为监管，建立调整可行性缺口补助机制。

银行资金支持。愿景集团整合协同多元化投资合作资源，拓展资金筹划路径，创新解决老旧小区改造资金问题，主要利用银行政策性资金。2020 年 7 月，国家开发银行、中国建设银行与吉林、浙江、山东、湖北、陕西 5 省以及重庆、沈阳、南京、合肥、福州、郑州、长沙、广州、苏州 9 市签署支持市场力量参与城镇老旧小区改造战略合作协议，共提供 4360 亿元贷款，重点支持市场力量参与的城镇老旧小区改造项目，重庆位列其中。建行总行九龙坡支行与政府合作比较紧密，九龙坡 PPP 项目使用企业信誉担保形式，采取改造区域内资金自平衡的方式，通过政府缺口补助 + 使用者付费以及形成有效资产的长效运营，并将改造生成资产的收益权质押给银行，总体核算符合建行对收益情况和现金流情况的预期，满足 PPP 项目要求自己收入支撑 10% 等数据红线，获取贷款约 3 亿元，愿景明德（北京）控股集团有限公司作为经营主体的账户受银行监管。

拥有财政基础。PPP 模式涉及政府必要的财政补贴和居民使用者付费，因此，要求地方政府比较富裕，相对财政比较好，前期准备金需要满足总投资 20% 的前置条件，符合银行贷款的基本要求。重庆各区县财力不同，落后一点的区尤其北部更需要去改，社会矛盾更突出，这些区域受限于财政条件难以采用 PPP 模式。

空间基础保障。试点改造区域内，社区均有可形成的经营资产，主要包括两类：一是社区公共空间，通过《民法典》以及重庆市老旧小区改造规定性程序进行更新改造利用；二是有一定的低效利用资产，虽然产权复杂，有些属于国企、事业单位，但是通过一定的协商和协调机制尚可通过授权、合作、租用等形式利用，整体项目具备 20% 的平衡算账的条件。

5. 小区自平衡模式：劲松北社区案例

（1）基本情况

劲松北社区照详细规划（图 4-10）和建筑设计（图 4-11）于 1980 年前后建成，总面积约 19.5 万平方米，社区居民达到 9800 人。其中，80% 为房改房，10% 为公租房，10% 为商品房。小区内人口老龄化率达到 36.9%，其中，60% 以上是独居老人。“十二五”期间完成抗震节能改造，但楼本体结构外部分、管线基础设施等都已老化，物业管理工作一直由街道监督保洁公司、绿化公司、停车公司等多家专业公司承担，极大分散了政府精力，且由于管理内容专业性强，监督效果有限。居民需分别对街道与房管部门缴费，且对于管理内容提升的需求没有反馈途径。

2018 年 3 月，劲松街道与愿景集团就劲松北社区签署了升级改造的战略合作协议，为保障改造后的管理效果最佳呈现，劲松街道拟与愿景物业公司进行物业管理合作，愿景物业依据《关于建立我市实施综合改造老旧小区物业管理长效机制的指导意见》在居委会的协调下依法依规进行业主双过半投票等确权工作，具体规范性工作流程见表 4-5。

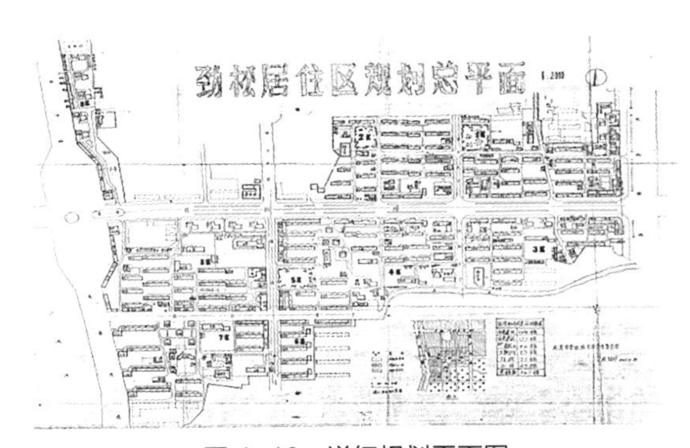

图 4-10 详细规划平面图
图片来源：愿景提供

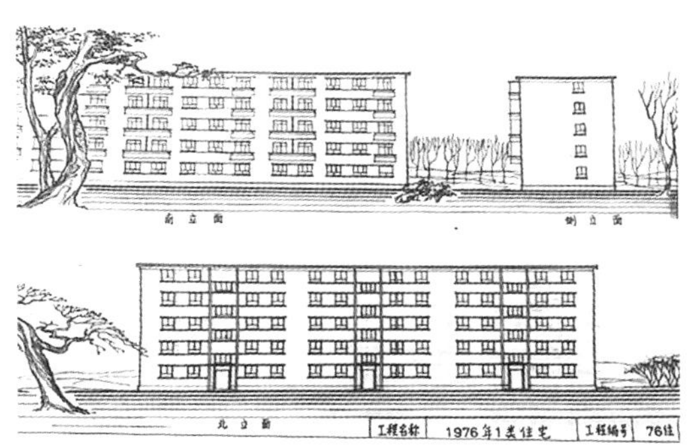

图 4-11 建筑设计立面图
图片来源：愿景提供

劲松项目确权流程一览表　　表 4-5

序号	工作节点	工作内容	法规依据
1	物业协调会	3 月 21 日，街道、居委会、房管所、物业对物业方案的宣讲，召开了协调会议	—
2	成立确权工作组	3 月 21 日，街道办事处组织沟通会，在咨询业内专家及法务团队后，成立物业确权工作组，启动劲松北社区物业确权工作	京建发〔2018〕255 号
3	授权委托公告	3 月 26 日，劲松街道办事处授权劲松北社区居委会就选聘物业企业张贴公告	京建发〔2018〕255 号
4	居民议事会	3 月 27 日，居委会连续组织召开两场居民议事会，商议引入物业事宜，议事代表支持率达到 95% 以上。3 月 28—31 日，召开五场楼门长宣贯会，宣传讲解物业服务方案和收费标准，总计 190 名社区楼门骨干及党员代表参加，其中，92% 的楼门长支持同意诚智慧中物业进入	建房〔2009〕274 号 京民基发〔2017〕34 号
5	物业方案路演	3 月 29 日开始，居委会组织物业公司在社区多处位置设点，对物业方案宣传	北京市人民政府令第 219 号
6	入户公告	4 月 3 日，张贴关于选聘物业服务企业的入户表决前公告	—
7	入户表决	4 月 9 日，由劲松北社区居委会组织居委会干部及社区志愿者，就物业进驻情况进行入户表决，5 月 5 日，实现入户表决双过半	建房〔2009〕274 号
8	开箱验票	6 月 10 日，由居委会组织在社区二层会议室召开开箱验票会议	建房〔2009〕274 号
9	结果公示	确权结果公告盖章，从 6 月 10 日起公示 14 日，已完成结果公示，居民无异议	建房〔2009〕274 号
10	签署合同	8 月 6 日，签署物业服务合同	《物业管理条例》
11	合同备案	8 月 7 日，进行物业备案申请，8 月 28 日，按照相关程序对合同进行备案	《物业管理条例》

资料来源：愿景提供

2018 年 8 月，在创新“区级统筹、街乡主导、社区协调、居民议事、企业运作”五方联动机制[①] 基础上，愿景集团在劲松北社区的改造实践逐步展开，并以居民调研访谈为切入点，由居民自主选择社区改造提升的内容及方案并组织施工改造，具体工作逻辑如图 4-12 所示。改造内容可分为基础类改造（包括楼本体、管网、绿化道路等）、完善类改造（包括公共空间、便民设施）、提升类改造三类，明确基础类改造由政府部门出资，完善类改造由企业负责出资。危楼劲松北社区 114 号楼实施原拆原建。

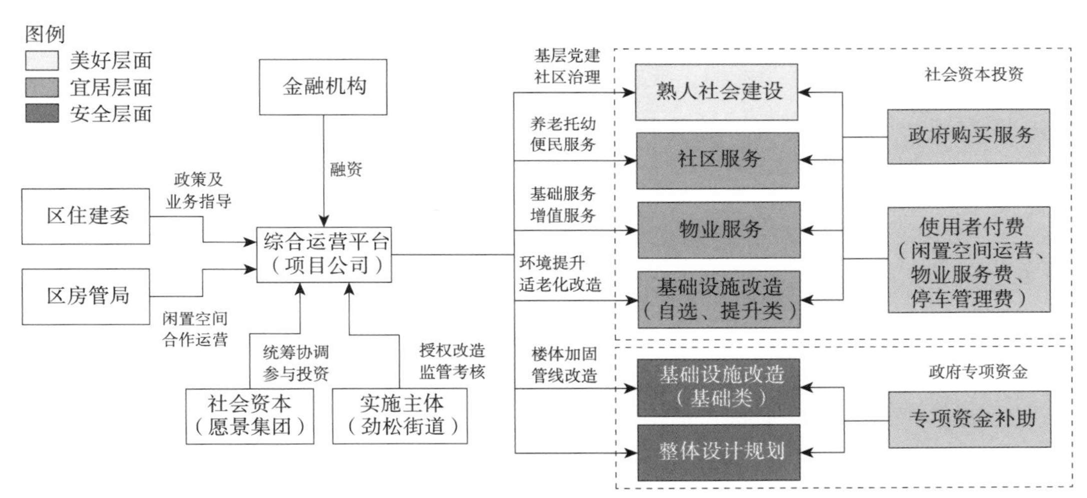

图 4-12　劲松案例工作逻辑示意图

图片来源：愿景提供

2018 年 7 月，改造企业正式入驻劲松街道劲松北社区。同年 9 月 19 日，劲松街道邀请主管副区长主持由各委办局参与的劲松物业管理与综合整治问题的联席会议，确认就试点地区成立领导小组，主管副区长担任组长，各委办局协助推动试点项目开展。2019 年 1 月，在劲松街道支持下，改造企业同中央美院共同提供自行车棚设计改造方案，由居民代表参与投票评选较优方案并决定便民服务业态引入问题。同年 5 月，物业确权工作基本完成，同意引进专业化物业管理的居民户数与居住面积分别达到 57.72% 和 51.76%，完成居民投票“双过半”同意程序。同年 5 月 6 日，劲松街

① 组建试点社区工作推动小组，主管副区长任组长，包括区委办局、街道办事处、居委会、社会单位、居民代表五方。

道召开第二次领导小组会议，重点讨论示范区改造过程中的重难点问题。同年 5 月 22 日至 23 日，劲松北社区党委、居委会组织两场居民议事会，讨论示范区设计方案及交通规划方案。2019 年 8 月，项目正式完成改造，企业投入 3000 多万元进行了一系列自选项目改造并入驻劲松北社区提供专业化物业管理。

（2）收益方式

劲松北社区改造的收益目前主要来源于物业费与经营性空间租金，具体运行逻辑如图 4-13 所示。企业提供北京市住宅物业服务一级标准，物业费分层收取，六层楼房住户 0.43 元 / 平方米 / 月，高层楼房住户的一至六层收取 1.21 元 / 平方米 / 月，其余住户收取 1.43 元 / 平方米 / 月，截至 2022 年 11 月，约 90% 的住户已缴纳物业费。经营性空间方面，在租金收取上采取差异化租金模式，对于半公益性业态，以低于市场价格的租金引入，要求其提供惠民服务；对于商业性业态，则按照市场价格收取。通过利息 4.9% 的建行贷款进行投入，预计 3%~8% 的净利润。项目整体运行周期为 20 年，预计投资回收期为 14.1 年，年均利润为 98 万元，内部收益率约 4.6%。街道设置了为期 3 年、每年 140 万元的物业扶持期，一定程度上弥补初期低标准收费模式给企业带来的运营亏损。

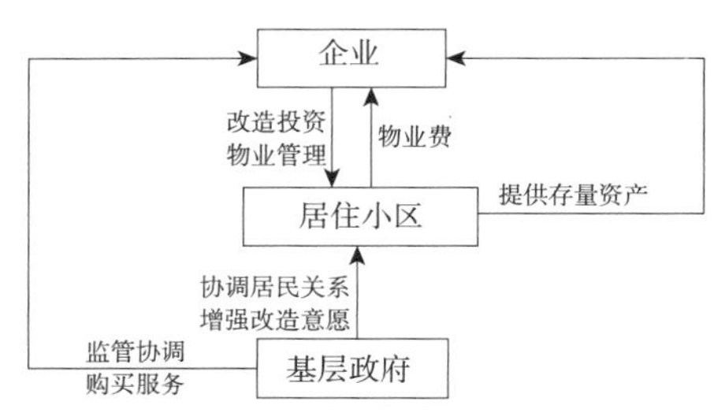

图 4-13 小区自平衡模式具体运行逻辑
图片来源：作者自绘

（3）建设成效

通过“双过半”正规程序引入物业管理机制，从原有多公司管理转变为保洁、绿化、停车、垃圾清运、楼宇维护的一体化管理，愿景下辖物业公司统一接管，提供超越于传统物业公司的系统性、人性化管理服务，老旧小区改造取得显著成效（图 4-14、图 4-15）：一是规范社区秩序。对社区车辆、行人及消防出入口进行规划、

图 4-14 劲松北社区改造后情况
图片来源：作者自摄

图 4-15 劲松北社区新建大门
图片来源：愿景提供

设置及管理，划定停车位，规范交通秩序[①]。二是提供便民服务。结合居民需求、商业现状，以及资源位置情况综合判断，与街道办事处签订协议，获得示范区公共空间 20 年的使用权以补充适合的便民业态，包括理发店、裁缝铺、菜市场、超市等。三是弘

① 具体做法包括：一，加强社区功能性改造，合理设置社区人、车出入通道，总体实现社区人车出入相对分离；二，规划完善社区人、车交通动线，改造相关设施打通交通微循环；三，建成社区停车管理系统，通过重置社区内车位、建设立体停车设施、整合社区外停车资源等方式最大化停车数量，完善社区居民常停车辆、临停车辆、外来车辆区分管理制度；四，系统改造自行车停放设施，针对性满足电动自行车停放、充电等需求。

扬地方特色。通过景观塑造延续劲松文化和历史，激起老年人对过去的荣耀。四是优化人群结构。保留产权，部分老年人集体置换到养老型社区，周边职场年轻人士入住劲松社区，实现职住平衡。

（4）存在问题

部门管理存在差异。劲松北社区作为北京市老旧小区改造的示范项目，有大量做法需要得到政府部门支持与变通，也需要基层各部门之间互相配合，提升总体效率。部分部门认为其是民生问题，应直接简政放权，其他部门则认为需要前置部门的相关内容加以规范和约束。因此，改造过程中需要经历大量行政部门间的协商沟通过程，无形中给提升改造工作增加了难度。

干群工作人手紧缺。劲松北社区总面积约 19.5 万平方米，近 1 万常住人口，但居委会干部只有 14 名，和群众紧密联系存在一定困难。劲松北社区作为示范改造项目，前期需要大量征求居民的改造意向、对改造方案的意见、物业引进意见等。在社区居委会群众工作人手不足的情况下，愿景集团需要承担相应的补充功能，增加人员的投入，变相提高了人力成本。

（5）适用条件

小区内存在丰富可利用空间资源。该项目改造资金主要来源于物业费与经营性空间租金，物业费目前收缴率较低，主要依靠经营性空间的租金收入。经营性空间又分为半公益性质与商业性质，要维持项目的利润收入，必须保证小区内有大量可利用空间资源，以平衡前期改造投入资金。

企业前期需要投入较高资金、人力、时间成本。该项目作为老旧小区改造示范点，在工程量、完成度、时间上有较高的要求，需要企业前期投入大量资金、人力、时间进行居民调研，并与专家团队进行方案比较设计，相对而言企业的交易成本和准入门槛高。

区级政府重点关注。该项目涉及经营性空间性质转用的规划、消防手续，且属于创新制度，区级、街道政府都给予了大量关注与支持以推动项目落地，各级政府部门、相关单位乃至媒体的高度关注给劲松北社区改造带来了一定促进作用。

6. 单元楼租赁置换模式：真武庙社区案例

（1）基本情况

北京市现有直管（自管）公房小区 6000 多万平方米，大部分集中在首都核心区涵盖的东、西两城区，这些公房小区面临供需错配、价值下降的困境：一方面，外部区位优势明显，周边公共服务配套成熟，周边高端就业人员居住需求旺盛；另一方面，内部景观环境恶化，具有建成时间久、基础设施差、老年居民多、物业服务无的典型特征。愿景集团在北京市首次通过“租赁置换”模式对此类老旧小区进行置换收房、小区更新改造与长效运营管理，实现了居民获益、产权单位减负、政府放心的多赢目标，是针对公有私用复杂产权居住建筑再利用的有效探索，是城市更新模式的创新之举。

真武庙位于西城区月坛街道真武庙社区，地处北京二环路外的复兴门外区片，3 公里范围内可达金融商务区、西单商圈和多部委办公区，周边教育、医疗、文化资源丰富。真武庙项目包括真武庙五里 1、2、3 号楼与真武庙四里 5 号楼共 4 栋建筑（表 4–6），建筑产权复杂，4 栋楼均为自管公房。五里 3 号楼产权单位为矿冶科技集团有限公司，共 56 户居民，其中，49 户为房改房或商品房，剩余 7 户为央企单位自管公房，未经过房改。五里 1、2 号楼和四里 5 号楼近半数房屋完成房改和上市，剩余部分仍为国管局和央企自管。本项目处于央企和辖区管理的交叉地带，存在着楼体老旧破败、设施老化，私搭乱建等安全隐患较多，居民满意度低，等突出问题。4 栋建筑自住率为 49%，租户客群主要是快递、餐饮、小商贩等外来务工人员，管理难度较大。

真武庙项目建筑统计 表 4–6

楼号	建设年限（年）	建筑面积（m^2）	户数（户）
五里 1 号楼	1955	3756.8	70
五里 2 号楼	1955	5908.72	93
五里 3 号楼	1981	3135	56
四里 5 号楼	1954	3603.5	57

资料来源：作者自绘

2019 年 11 月，愿景集团选择房改率最高的五里 3 号楼作为试点先行推进，在进行了深度的居民改造意愿调研基础上进行方案设计，并不断修改、征询意见、完善方案，共进行三轮意见征询。2020 年 8 月 4 日，第三轮征询意见方获得全体参会居民的一致同意，晾衣杆、垃圾桶位置等日常高频率使用的功能由居民代表投票决定。2020 年 8 月 13 日至 15 日在院内公示，物业管家通过微信朋友圈线上展示，以确保全体居民知晓并了解改造方案。2020 年 10 月，项目正式启动整体改造，公司遵循优先满足居民生活的安全性、便利性原则，公共部分改造侧重两个方面：一是楼本体改造。其包括屋面防水、外立面补修和粉刷、外立面线缆规整、防护栏更新、空调机位调整、楼梯间窗户及单元门更换、楼道内管线规整、楼内公共区域墙面粉刷、照明设施更换、楼梯间宣传栏更换、户内下水管道更换、增设雨水管线、增设无障碍设施等。二是院落景观改造。其包括增设公共配电箱（电力增容）、公区照明、增加和修整绿植、停车位划线、增设门禁道闸、修复平整道路、建设便民设施（快递柜、智能充电车棚、电动汽车充电桩、居民会客厅）、建设文化宣传栏。同时接管3号楼后续的物业管理服务，对有意愿参与“租赁置换”项目的居民房屋签订长期租约（以10年为主）。签订租约后进行户内改造，将居室改造为独立的公寓开间，每个房间增添密码锁、洗衣机、独立卫浴。改造完成后，将房屋以市场化形式转租给附近金融商务区、西单商圈等地的高端从业者。

（2）建设成效

截至2022年3月底，已完成20套房屋置换签约并完成户内装修。这20套房屋原有居住人口约90人，其中，有6户为居民自住，13户为出租，剩余1户为他用。出租房屋中有6套为周边餐厅服务人员、快递人员居住的群租房，其中，有1套居住了10人。6户自住居民中包含2户共3位65岁以上的老年居民，愿景通过寻找合适房源、免费提供搬家服务等帮助自住老年居民寻找合适置换房源。通过租赁置换，现20套房屋中居住人口约50人，减少40人。套均居住密度2~3人，平均年龄为35岁、学历平均为本科及以上，80%为周边金融街白领及医疗从业者，20%为家庭陪读客户。总体实现了小区人口减量，提升了整体人口素质，优化了年龄结构，杜绝了群租的安全管理风险。由于产权关系，本项目由愿景旗下物业公司与北控集团物业公司合作共管，为本社区提供“三供一业”服务，具体改造成效如图4-16所示。

（3）收益方式

本项目运行逻辑如图4-17所示，即企业对居住小区公共空间进行整体性改造，针对产权相对清晰的单元楼，按照自愿原则居民一次性将住宅长期转租给企业，企业对单元楼公共空间和室内进行系统改造后租给高收入群体，通过建行租房App进行签约。目前，总投资为600万元，其中，公共空间改造投资300万元，户内改造投资300万元，大约3000元/平方米，后期支出成本主要包括配备店长管家、保洁等运营人员，总体坪效在4.6~4.8元/平方米/天。付给居民租金的方式为一次性付清（每户约50万~60万元），由建行租赁贷款支付。房屋租赁资金差价为企业主要收益来源，

图 4-16 真武庙五里 3 号楼室外改造后情况

图片来源：作者自摄

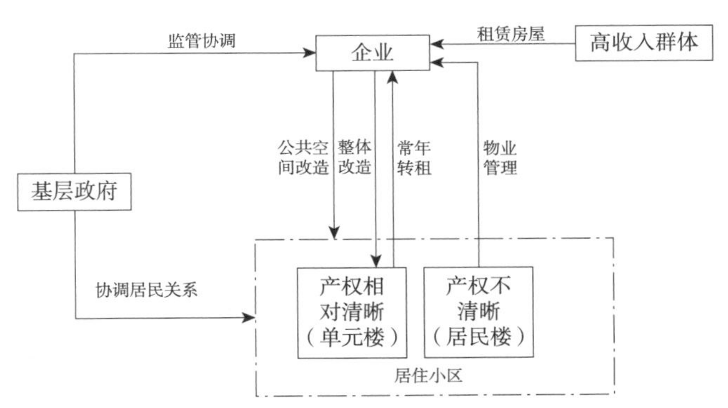

图 4-17 单元楼租赁置换模式示意图

图片来源：作者自绘

每间小公寓租金大约在 5000~6000 元 / 月，资金利率大约在 5%~6%。针对产权不清晰的单元楼居民收取物业费，计划收取 1.65 元 / 平方米 / 月，目前，其仍处于“先尝后买”阶段，未统一收缴。本项目整体运营周期为 10 年，资金回收期约为 8 年，目前，按照 20 户出租运营，利润率不超过 10%，保证了项目的微利可持续，可以实现改管一体的长效服务，同时为居住小区的其他居民提供高质量的物业服务。

（4）存在问题

改造期间居民反对意见较多。首先，居民基本属于原央企职工，未接触过物业收费改造模式，对于物业公司进驻存在一定抵触情绪。其次，由于疫情期间施工周期较长，部分老年住户受到干扰时间较长，投诉情况较多。最后，居民针对改造内容意见并不统一，如在下水道改造、加装护栏等项目上并不是所有居民都同意改造，一定程度上降低了项目改造效率。

央产房产权受限。该项目原产权单位为矿冶科技集团有限公司，大部分住房进行了房改，但也有部分房屋仍属于央产房。根据相关规定，央产房不能进行私自转租，故目前只能选择已经房改比例较高、产权基本清晰的3号楼进行该类模式改造，其他未进行房改的单元楼则无法进行系统改造。

（5）适用条件

产权总体清晰。该类改造需要房屋产权完整，可将房屋使用权进行转租，故适合房改比例较高，大部分房源属于可流通的商品房小区，业主拥有房屋完整产权。同时，小区原有居民有一定改造意愿和搬迁意愿，通过易地置换，将空置房间进行流转，获得较为可观的资金收益。

区位条件优越。该项目立足于“租赁置换”获得盈利空间，故需要在租房市场有一定潜力。真武庙3号楼周围医院、学校等公共服务设施完善，经济发展潜力较大，中高端就业人口较多，房屋租金较高，有一定盈利空间。对于区位较偏的小区，则缺乏该类改造的前提条件。

改造条件较好。由于该类模式通过将改造房屋转租给中高收入群体进行盈利，故需要选择还存在一定改造翻新可能性的老旧小区进行改造，一方面楼本体较为安全，外观条件相对较好、改造翻新工程量相对较小，在对目标群体保持一定吸引力的前提下降低对建筑外观修缮的投入成本；另一方面居住小区建设之初有一定的规划，有一定可利用的公共空间。

（四）模式总结

1. 模式特点

（1）跨区域统筹平衡模式

跨区域统筹平衡模式是在某一尺度区域内协调可利用空间资源，通过强资源社区带动弱资源社区，实现多个小区的逐步更新。这需要将两个以上小区打包共同进行改造，如枣园小区—三合南里社区的联动改造案例，打破单个社区的物理空间边界，通过党建引领、政府主导、多元参与，统筹相邻社区组成的“街区”乃至区域整体资源，以区域内强势资源带动自平衡及“附属型”弱资源社区，形成资源互补的组团联动改造。此类模式涉及两个以上小区的空间资源协调配合，若两个小区在一个街道范围内，则需要街道层面进行统筹、分配可使用空间，如鲁谷案例。这一过程需要街道对区域内空间资源进行梳理，与对应产权所有者进行协调，获取空间使用权以平衡企业改造资金。此类模式需要提前统筹协调片区内可使用空间资源，确认片区内存在强势空间资源，以平衡弱资源社区，弥补前期投入的改造资金。覆盖范围越大，统筹层级越高，跨街道则需要区级统筹。

（2）小区自平衡模式

小区自平衡模式是在小区内独立进行改造，主要调动小区内的空间资源作为置换条件进行改造（图 4-17）。这需要小区内拥有大量低效闲置空间，如劲松北社区主要通过本社区内闲置空间资源实现了改造资金的平衡。该模式需要小区内可利用闲置空间资源充足、居民较多达到服务门槛。此类模式最重要的条件是小区内存在丰富可利用空间资源。该类模式改造资金主要来源于物业费与经营性空间租金，物业费目前收缴率较低，主要依靠经营性空间的租金收入。经营性空间又分为半公益性质与商业性质，要维持项目的利润收入，必须保证小区内有大量可利用空间资源，以平衡前期改造投入资金。同时，小区内及周边居民较多，经营性空间多在小区内部或周边地区，服务的目标群体主要为小区居民。为满足各类商业服务的盈利空间和可持续发展，小区及周边必须存在大量潜在的服务对象，拥有一定程度的消费能力，以支撑各类商业的服务门槛。劲松北改造案例中，社区居民将近一万人，提供了大量的潜在消费群体。

（3）单元楼租赁置换模式

单元楼租赁置换模式主要以房屋转租产生的租金差作为改造条件，一方面投入资金进行公共区域改造，另一方面通过长租获得现有房屋的长期租赁权并进行改造，再将其转租给周边高收入人群获得潜在租金差。其适合不具备大量闲置空间、区域内难以联动但居民置换意愿强烈的区域，且可根据产权条件将改造范围细分至单元楼，如真武庙 3 号楼项目。

2. 运行特征

老旧小区市场化改造三类模式（表 4-7）的关键均在于存量空间运营，这一过程中都需要政府给予大量的政策支持，包括已有规划建筑性质转用、加建新建临时建筑的行政许可手续，以突破现有的产权制度限制，实现空间再利用和可持续运营。但三类案例在投资回收方式、存量空间运营方式、交易成本来源、存量空间配置范围、投资成本、适用条件均有所不同（表 4–7）。从存量空间运营方式考虑，商业服务转租方式主要由改造企业与基层政府、企业、行政单位签订空间使用协议，交易成本主要来自于对现有制度的突破及各方利益的分配协商；住房转租方式主要由改造企业与小区住户签订转租协议，交易成本主要来自于和住户协商的时间成本。从存量空间配置范围考虑，范围越大，改造企业前期需要投入的成本就越高，需要各方配合协调的程度越高，产权运作的风险越大。整体而言，单个小区内可利用存量空间较少、基层政府协调能力较强的项目，可选择跨区域统筹平衡模式；小区内存量空间丰富、人口满足商业服务门槛的项目，可选择小区自平衡模式；区位条件优越、居民有置换意愿的项目，可选择租赁置换模式，置换范围根据产权条件决定。在本书所选案例中，某一单元楼的产权条件相对清晰，故可在单元楼范围内进行。

老旧小区市场化改造模式对比 表 4–7

模式	跨区域统筹平衡	小区自平衡	单元楼租赁置换
改造案例	枣园小区—三合南里社区	劲松北社区	真武庙五里 3 号楼
投资回收方式	经营性空间租金	经营性空间租金	住房转租租金
存量空间运营方式	改造后作为商业服务空间转租	改造后作为商业服务空间转租	改造后作为高端住房转租
存量空间类型	已有建筑、临时建筑	已有建筑	已有建筑、临时建筑
交易成本来源	制度成本、协调成本	制度成本、协调成本	协调成本
存量空间配置范围	两个小区及以上	同一小区内	单元楼内
投资成本	高	较高	较低
适用条件	片区存在可协调存量空间资源； 政府组织协调	小区内存量空间资源丰富； 小区内及周边人口达到服务门槛标准	产权条件相对成熟； 区位条件优越； 楼房整体较新，居民有外迁意愿

资料来源：作者整理

老旧小区市场化改造三类模式核心和前提均是一定期限内的资金平衡，实现微利运营是各类模式尝试与变化的主要目的，也是市场化改造与政府主导改造模式从经济运营角度的根本差异。因此，在企业投资资金平衡的压力下，存量空间运营与收益成为至关重要的一环，而空间产权界定与交易作为空间运营的必要条件，则成为市场化改造模式运作的重点解决问题。

3. 模式基础

（1）四大优势

愿景老旧小区改造模式探索成功的基础前提之一是将自身定位为微利社区企业，发挥了集团的四大优势：一是金融优势。愿景集团作为社区提供更新改造规划和实践活动的重要行动主体，通过与政府合作，复合配置政府权威制度与市场交换制度的比较功能优势，针对社区改造金融、资金的需求，创新融资方案，实现合理配置和高效协同金融、资金、资本等资源，促进实现城市社区改造规模化、金融化，拓宽创新筹资模式。同时，下属企业需要依托利润率更高的母公司进行，以其雄厚的资金与资源支撑城市更新项目的前期投入和申请贷款的银行背书。二是治理优势。构建城市社区有机改造与治理平台。愿景集团助力共建在党建引领下的城市社区有机更新改造与治理平台，开展组织活动，为社区居民有效认知、沟通、交流提供了有效载体，通过协调居民间互助关系，增强社区居民凝聚力与归属感，和谐邻里关系，让社区真正成为居民实质性参与的舞台，最终实现社区全面综合发展。争取社区居民最大程度地理解、认同、响应、协助政府政策措施。三是运作优势。深耕存量市场，微利可持续。愿景集团以“微利可持续”“建管双驱动”为自身经营模式。愿景集团的业务之一为加强城镇老旧小区改造和社区建设，通过对老旧小区的投资拉动、设计社区改造和长效社区服务，统筹实现平安社区、宜居社区、韧性社区、完整居住社区等目标。以“微利可持续”的方式做老旧社区更新，深耕存量市场。四是集成优势。创新型治理体系和服务模式。愿景集团为社区提供嵌入式社区治理体系和社会综合服务。系统集成投资、设计、施工、运行，为城市社区更新改造提供全周期管理运营、一体化的服务，创新式物业管理体制和工作机制，全链条综合性化解城市社区问题。

（2）三大目标

愿景老旧小区改造模式探索成功的基础前提之二是实现了三大目标：一是实现经济平衡可持续目标。社区企业通过物业管理的植入实现对更新项目区的长期跟踪，通过与基层政府签订协议获得一定区域的经营权，利用长期收益填补短期成本并实现获益。同时，社区企业的重要成本回收来源是居民缴纳的物业费，因此，通过不断提升服务能力与水平，提升居民的信任与认同，保障物业费的缴纳，有效降低政府直接干预的成本。二是建立党建引领下的社区治理框架。《北京市物业管理条例》的重要制度创新是将社区物业管理委员会①作为临时“过渡”机构。街道通过组建物业管理委员会，由该组织联合居民共同决定物业管理事项，实现社区善治。以鲁谷街道为例，环境整治的同时伴随社会秩序建设，健全社区党组织民主建设，积极鼓励社区居民参与物业管理委员会组建，通过党组织推荐、居民自荐以及联名推荐等方式招募并进一步筛选物业管理委员会委员的人选。通过对社区工作程序的规范和完善，实现物业管理委员会成立与党组织覆盖同步，充分发挥党支部组织优势，培养社区居民自我管理、自我服务、自我教育、自我监督的能力和意识。三是发动社区居民共同参与社区更新改造，共同解决社区有机更新与社区治理的问题。在社区更新改造过程中，居民已经成为重要的主体和动力源泉，实质性的社区参与式有机更新是深化民主的手段，也是实现善治的必要条件之一。愿景探索创新多元主体参与的社区改造模式，由政府引导推动、市场运作拉动、社区居民响应配合，“三位一体”“三力合一”，既有效推动社区改造与治理的运作发展，又有助于实现政府、市场、居民合作三赢局面（图 4-18）。在社区更新改造过程中，公众能够积极且实质性地参与，是全社会责任意识发展提升的重要标准。公民参与与公民权利关联，公民参与的目的之一是保障公民的权益和公民的地位。社区改造需要调动居民参与社区活动，旨在通过政府在社区更新活动和后续治理的制度创新等方式来激发居民志愿精神，增强居民参与能力，引导规范居民的社区参与性活动，培育有效社会资本。

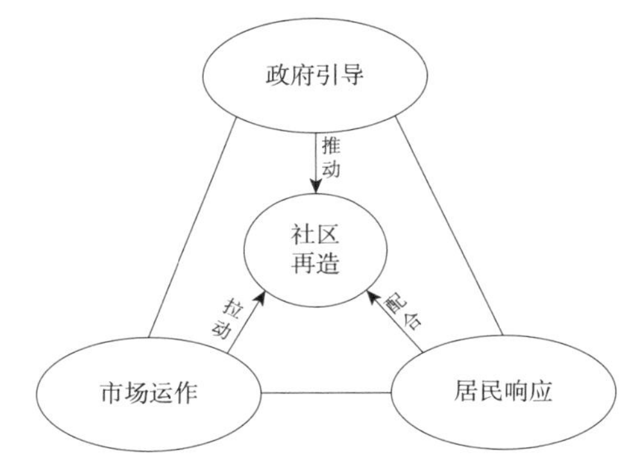

图 4-18　老旧小区更新改造过程中各参与主体的主要功能作用

图片来源：作者自绘

① 成立物业管理委员会是基于社区暂时不具备成立业主大会条件，或具备成立业主大会条件但有困难未能成立。

(3)三大条件

一是城市选择。主要基于地方经济发展和政府财力状况、地方政府诚信和基本社会生态、具有适应地方工作的有能力的负责人三个方面的考量。二是区位选择。老旧小区企业化改造需要经营性收益实现成本回收，因此，更加偏好于地理位置优越、改造难度较低、空间资源较多的项目，以尽可能减少成本回收的期限。三是政府配合。从调查案例城市而言，试点成功很大程度上源于四个方面的基本特征：一是体制对于政策要素的“兼容能力”或“整合能力”；二是地方政府制度环境以及政策法律的完备程度；三是地方政治精英的重视态度；四是部门或领域相对于国计民生的重要程度。

(4)两大功效

老旧小区改造是一项复杂的系统工程，引入社会资本参与是解决问题的关键。PPP模式不仅是一种融资工具，更是一种治理工具，PPP 模式“融资 + 治理”的双重功能恰恰解决了老旧小区改造的两大难题：一是融资功能。对于企业来说，参与老旧小区改造关键在于构建一个可持续的商业模式，即要在改造过程中找到稳定的现金流。一方面考验企业的融资能力，另一方面也考验其资金平衡能力。在九龙坡 PPP 项目上，愿景集团不仅成功获取中国建设银行 3 亿元的贷款，解决了老旧小区改造资金难题，还通过改造区域内资金自平衡的方式，形成有效资产的长效运营。在资金平衡方面上，跨区域统筹平衡模式强化公共存量资源的整合利用和共建共享，实现资金自我平衡，实现建设运营一体化。小区内自平衡模式通过合理谋划利用小区内地下空间、腾退空间和闲置空间补建区域内经营性和非经营性配套设施，以未来产生的收益平衡老旧小区改造支出。单元楼置换模式通过私有产权空间的有效经营获取租金差额，弥补前期改造的投入。九龙坡 PPP 项目主要运营收益来源大致包括老旧闲置办公楼宇、老旧闲置商业楼、沿街铺面出租收入、社区便民服务用房出租收入、停车收入、物业管理收入、单元门广告牌出租收入、楼栋清扫保洁收入等。如在九龙坡白马凼社区，在原有能停 6 台车的 20 余平方米空地上，通过新增智能化设施，建成了新型机械停车楼；清理长期占道停车，重新规划路内停车位、小区空地停车场停车位，不仅解决了小区停车难的问题，还通过合理收费带来了持续稳定的收益。二是治理功能。老旧小区改造引入社会资本乃至采取 PPP 模式的目的不能简单停留在融资方面，而是为了提升公共服务供给的质量和效率。九龙坡老旧小区改造项目 PPP 合作范围涵盖小区外基础设施配套工程、房屋本体等，施工种类不同，工艺复杂，对投资建设单位的施工技术和组织管理能力要求高。愿景集团作为投资建设和运营主体单位，无论是资源整合还是组织管理方面都有着较强的实力和丰富的经验。如“劲松模式”中的成功经验，坚持党建引领，搭建多方共治机制，坚持“消隐患、提环境、补功能、留记忆、强管理”和区级统筹、街道主导、社区协调、居民议事、社会资本实施的原则，既注重硬件设施的人性化提升，又注重“三感”社区的人文化缔造，实现“改管一体”，确保改造效果最大化、管理效果最简化、服务效果最优化。

（五）机制分析

北京老旧小区市场化改造模式的基础是通过原有“闲置”空间资源置换—利用的模式换取企业投入大量改造资金。改造完成后，企业免费获得经营性空间一定年限的使用权，将其转为商业用途。在传统推倒重建式城市更新模式中，各利益相关主体通过对城市空间性质和区位的调整，获得空间维度下的中心区—城市边缘的租差与时间维度下潜在地租与实际地租的租差收益，实现资本积累与空间再生产[①]。企业主导的老旧小区改造实际上也是以土地上建筑空间的价值租差，换取前期市场化改造资金进入，本质上是城市更新中的空间资源再配置和利益重构过程。

1. 收益模式

（1）企业性质

从事老旧小区更新的企业需具有三个方面的要求：一是社区微利企业，通过一定比例的空间资产市场化运作和一定量的政府专项资金补助，维持较低的盈利点，如图 4-19 所示；二是集团性企业，参与规划设计、工程建设、管理环节全链条，通过搭建平台，统筹市场化服务，整合各类资金（政府专项资金），提供资本性投入，为社区运营提供系统性服务；三是战略性企业，老旧小区更新前期自持性资金投入巨大，国企从政治任务角度介入，私企从战略性角度和责任性角度谋求未来市场格局的扩大和市场占有率的提升。

① 洪世键，张衔春．租差、绅士化与再开发：资本与权利驱动下的城市空间再生产 [J]. 城市发展研究，2016，23（3）：101-110.

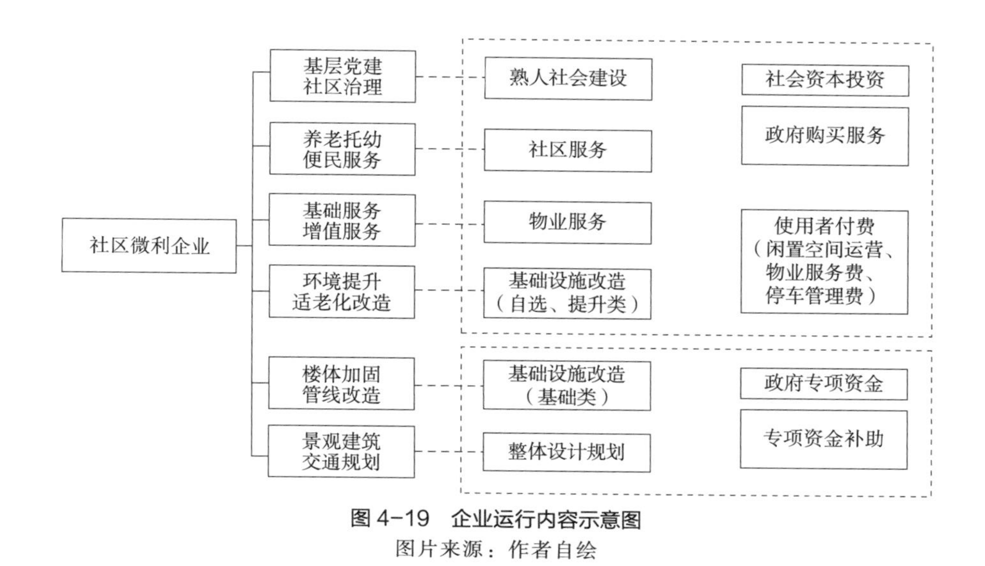

图 4-19 企业运行内容示意图

图片来源：作者自绘

（2）盈利渠道

从改造模式来看，本书从存量空间运营方式和存量空间配置范围两个维度，将改造模式分为三种：跨区域统筹平衡模式、小区自平衡模式、单元楼租赁置换模式。前两种以商业租用为主要盈利方式，盈利渠道包括物业费、停车费和经营性空间租金等；后一种以住房租用作为主要盈利方式，以房屋租赁资金为主要收益来源。

从企业性质来看，对于社区微利企业来说，以微利可持续为目标，通过一定比例的空间资产市场化运作，维持较低的盈利点。如愿景集团通过招商方式引入，并以相对低于市场价格的租金要求服务业态为小区居民提供一定优惠，如打折、针对老年人的免费服务等。对于集团性企业来说，参与全链条建设，通过搭建平台，统筹市场化服务，整合各类资金（政府专项资金），提供资本性投入，为社区运营提供系统性服务。如愿景集团在改造过程中的规划设计、工程建设、管理环节的全链条参与；针对经营性空间，愿景物业团队同步接入，接管小区改造后的物业管理和空间运营，提升社区基础物业服务水平；此外，还联合成立“综合运营平台”，联合国有企业共同运营划拨资产与老旧小区改造资产。对于战略性企业来说，前期自持性资金投入巨大，国企主要从政治任务角度介入，如任城区政府授权的任兴集团有限公司全资子公司创展置业。创展置业公司综合利用中央、省级各项专项奖补资金、国开行“老旧小区改造专项贷款”、农业发展银行贷款、抗疫国债等资金与区政府、区属平台闲置低效资产，作为老旧小区改造及经营性建设资金资产来源，进行改造建设。与愿景集团的共同运营收入作为融资还款来源，成功申请政策性银行贷款，对国开行还本付息，探索了老旧小区改造投融资的创新模式。

从盈利时效来看，北京、重庆愿景项目案例的投资回收期一般为 11 年（1 年建设期 +10 年运营期），济宁愿景项目案例投资回收期为 23 年（3 年建设期 +20 年运营期），盈利渠道强调了城市更新的“去地产化”，否定了一次性收益平衡的更新模式，体现了未来的城市更新项目收益平衡模式将从一次性收益平衡转向持续的运营收益平衡的趋势[①]。有些老旧小区项目涉及纯政府付费和可行性缺口补助，财政部下发的《政府和社会资本合作项目财政承受能力论证指引》中规定，每一年度全部 PPP 项目需要从预算中安排的支出责任，占一般公共预算支出比例应当不超过 10%。目前，全国市场化运作的老旧小区更新案例均位于财政能力相对较强的城市，既与地方政府需要提供一定的可行性缺口补助有关，又与各大银行规定贷款金额控制在总投资金额的 80% 以下有关，如《固定资产贷款管理暂行办法》（中国银行业监督管理委员会令〔2009〕2 号）、《中国农业银行县域建筑业贷款管理办法（试行）》均有相关的规定，地方政府或社会企业的资金匹配能力成为老旧小区更新能否持续进行的重要决定因素。

2. 实现机制

（1）经营权获取路径

依据存量空间运营与交易方式，将老旧小区市场化改造中的公共空间、半公共（单位）空间和私人空间经营权获取分为两条路径（图 4-20）。

一是划拨经营权。基于政府授权无偿获得闲置空间经营权与社区物业管理权规定性转移。以大兴区枣园小区—三合南里社区改造、朝阳区劲松北社区改造为代表的跨区域统筹平衡模式、小区自平衡模式，主要通过改造闲置的已有建筑与临时建筑并将其用作商业租赁获得改造资金。由于老旧小区更新基层实施主体在街道层面，各地以街道内部社区统筹为主。以垡头街道为例，总计约有 12 个车棚及 22 处配套用房处于低效利用状态，但各社区差异较大，如垡头一区 10 处、垡头西里 8 处、垡头北里 6 处、

① 马蕾. 城市更新项目的盈利模式 [J]. 城市开发，2022（5）：86-89.

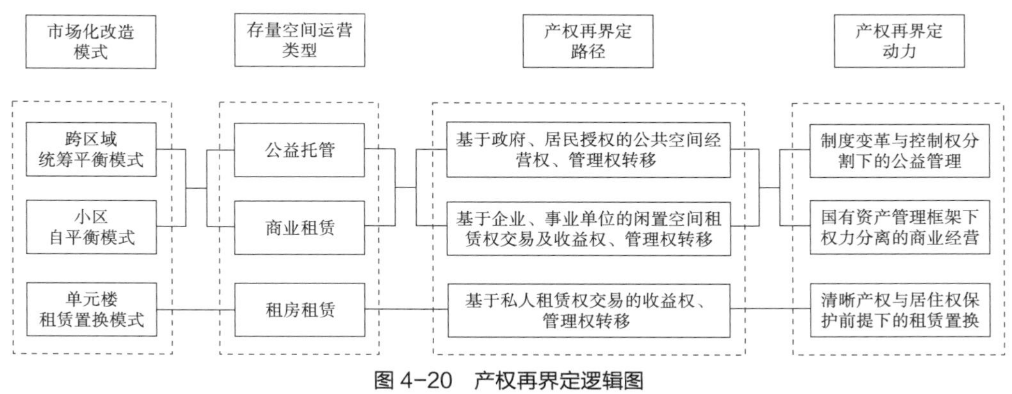

图 4-20 产权再界定逻辑图

图片来源：作者自绘

垡头西里二区 6 处、金蝉北里 4 处。这一过程中，存量空间产权再界定发生在两个方面：一方面，改造企业通过与街道政府签订使用协议，获得可利用闲置空间一定期限的使用权、处分权与收益权，使得该类闲置空间模糊的“控制权”重新得到界定与分配，进入经济活动中；另一方面，在空间运营收益的驱动下，改造企业接管小区物业，促使小区公共空间和共有设施的管理明确委托主体。业主对公共空间的占有、使用、收益得到保障，物业管理权从模糊走向明晰。在该类模式中，存量空间的产权交易主要由政府主导，政府与原产权单位协调将闲置空间划拨到区政府或街道名下，再与改造企业协商。用于交易的闲置空间控制权可以从公共领域中进行再配置，是改造企业选择该类改造模式的条件。在政府授权闲置空间改造的前提下，改造企业对老旧小区物质环境进行更新，并改善现有公共服务。

二是议价经营权。基于企事业单位产权和私人产权交易的使用权、经营权、租赁权、转让权、收益权和改造权等权利转移。社区中有些建筑和空间产权并非属于社区或街道，存在两种类型：一类是国有资产（国有企业所属资产与行政单位所属资产），资产使用权和出租转让程序复杂、管理严苛，谈判难度极大。从重庆调研案例发现，存在不同级别（国属、省属）的企事业单位空间分散到在社区空间之内（军产房、央产房、校产房等），由于改制、倒闭、转轨等各种原因存在闲置或低效经营的情况。另一类是市政设施，缺乏明晰的产权归属[①]。从北京调研案例发现，存在燃煤锅炉房、换

① 锅炉房产权归属在《民法典》（物权法）、城乡规划法、供热条例、商品房销售等法律、法规中都没有明确的表述界定，老旧小区很多住宅原为共有产权住房，经房改售房后变为个人产权，但锅炉房等用房的权属性质没有明确，并网锅炉房大多没有产权登记手续，导致权属难以判定。

热站等市政设施闲置情况，主要由于供热方式发生变化，原有分散独立供热系统逐渐被区域系统供热取代。燃煤锅炉房因供热季需要存储大量煤炭，一般占用空间较大，往往是老旧小区改造中的重点，如大兴案例中，兴丰街道锅炉房和堆煤房改造成名为三合·美邻坊的便民服务中心。私人产权交易以真武庙五里 3 号楼的单元楼租赁置换模式为代表，主要通过租赁权在私人业主与改造企业间的转移获得改造资金。在现有规定下，该模式需要私人户主拥有独立完整的住房产权才能进行租赁权转移，因此，其存量空间产权再界定过程主要表现为，基于私人租赁权交易的前提下，改造企业接管单元楼物业，改造与管理停车位、公共休闲空间在内的公共区域，使得公共区域和共有设施管理得到保障，从而明确业主对公共空间及共有部分的物业管理权。该类模式中，产权交易主要发生在改造企业与私人业主之间，属于私人产权交易行为，这要求用于交易的存量空间本身具备完整独立产权。在私人租赁权有可能交易的前提下，改造企业从而为整体单元楼提供公共空间的物质更新与公共服务，故相对第一种再界定路径而言，该类路径对于存量空间产权初始状态要求更为严格。私人产权交易过程中存在原住民居住权保护问题，居住权是《民法典》物权编新增的用益物权的种类，第三百六十六条规定居住权人有权按照合同约定，对他人的住宅享有占有、使用的用益物权，以满足生活居住的需要。第三百六十七条规定当事人应当采用书面形式订立居住权合同。《最高人民法院关于适用〈中华人民共和国民法典〉物权编的解释（一）》第四条规定，未经预告登记的权利人同意，转让不动产所有权等物权，或者设立建设用地使用权、居住权、地役权、抵押权等其他物权的，应当依照《民法典》第二百二十一条第一款的规定，认定其不发生物权效力。真武庙案例中运营企业通过异地居住形式解决签署协议的原住民的居住问题即为实现居住权保护。

（2）市场化动力机制

两种经营权获取路径基于不同的动力逻辑。

一是基于制度变革与控制权分割下的商业运营。以枣园小区—三合南里社区改造、劲松北社区改造为代表的跨区域统筹平衡模式、小区自平衡模式均通过闲置空间运营权有期限地转让，吸引改造企业投入改造资金并进行相应物业管理，本质上反映了制度变革带来产权运行与规范监督的可实现性，从而激励了存量空间控制权再配置与物业管理权的转移。为切实推动市场化改造，北京市政府自 2019 年起开始在城市更新与老旧小区改造框架体系上发布相关政策，放松闲置空间资产的产权限制，吸引企业加入改造项目。一方面，改造企业可通过简化手续甚至不办理行政审批手续的情况下行使空间使用权，改变空间用途，例如，可通过“社会投资简易低风险工程建设项目”快速办理行政审批手续；另一方面，政府逐渐放宽社区用房、行政事业单位所属设施、国有企业划拨资产的转用条件，允许企业在投资老旧小区改造的基础上，取得设施用房一定年限使用权并获取收益（表 4-8）。政策限制放宽，使得部分闲置空间资产可投入到新的用途，降低了产权运行的门槛和产权使用的边际成本。在此基础上，闲置空间资产的控制权被重新分割。结合枣园小区—三合南里社区改造项目、劲松北社区改造项目实践，闲置空间原有产权主体将控制权转给区政府或街道，再由政府部门与改造企业签订协议。改造企业最终获得一定期限闲置空间的使用权、部分收益权、部分处分权。改造可将闲置空间用于补充社区养老服务，如社区食堂、充电自行车棚等，也可将其出租，引入商业服务，打造便民服务中心，如三合南里社区建设的美邻坊等，通过收取租金，平衡前期改造投入。改造企业在该部分闲置空间的收益权和处分权受到一定条件下的限制。对于收益权，商业化便民服务的租金收取采取差异化模式，部分服务业态以为改造小区居民提供优惠或免费服务的方式换取低租金，即改造企业无法完全通过市场化手段获得收益，必须分割部分收益补贴居民服务；对于处分权，改造企业仅能通过出租方式处置闲置空间资产获得收益，不得将其抵押或出售，这部分控制权实际上依然掌握在政府或者原产权单位手中。在诸多限制下，改造企业预计平均要花费 8~10 年实现投资与收益平衡，获利周期远高于普通商业投资。在老旧小区改造的政策框架下，行政事业单位、国有企业的资产产权限制得到了部分放松，使得改造企业可以通过投资改造的方式，获得其部分控制权。这实质上是制度变革降低了产权运行的边际成本，从而激励企业进入到存量空间资产产权再界定过程，重新配置闲置资产的控制权，最终实现老旧小区的更新与低效空间的再利用。

老旧小区改造公共空间企业使用权相关政策　　表 4-8

成文日期	文件名称	相关内容
2021 年 5 月 9 日	《北京市老旧小区综合整治联席会议办公室关于印发〈关于老旧小区综合整治实施适老化改造和无障碍环境建设的指导意见〉的通知》（京老旧办发〔2021〕11 号）	社区用房经业主共同决定，可交由物业服务企业统一改造用于居家养老服务。 政府所有的闲置房屋和设施，政府可委托物业服务企业或养老服务机构用于居家养老服务。 鼓励物业服务企业与房地产开发企业协商，将开发企业自持的房屋改造为养老服务用房

续表

成文日期	文件名称	相关内容
2021 年 4 月 22 日	《关于印发〈关于引入社会资本参与老旧小区改造的意见〉的通知》(京建发〔2021〕121 号)	社区闲置空间使用由业主大会决定或组织业主共同决定用途；区属行政事业单位所属设施或国有企业以划拨方式取得的小区用房或配套设施可将所有权或一定期限的经营收益作为区政府老旧小区改造投入的回报，用于改造企业运用需通过书面协议明确授权使用期限、使用用途、退出约束条件和违约责任等。 改造企业经委托或授权取得的设施用房，持区老旧小区综合整治联席会认定意见即可办理工商等相关证照，不需提供产权证明
2021 年 4 月 9 日	《北京市规划和自然资源委员会　北京市住房和城乡建设委员会　北京市发展和改革委员会　北京市财政局关于老旧小区更新改造工作的意见》(京规自发〔2021〕120 号)	可利用锅炉房(含煤场)、自行车棚、其他现状房屋补充社区综合服务设施或其他配套设施，在遵循公共利益优先原则的基础上，可临时改变建筑使用功能，暂不改变规划性质、土地权属，未经批准不得新建和扩建
2019 年 4 月 25 日	《北京市人民政府办公厅〈关于优化新建社会投资简易低风险工程建设项目审批服务的若干规定〉的通知》(京政办发〔2019〕10 号)	社会投资简易低风险工程建设项目可推行“一网通办”，简化各类审批手续

资料来源：作者根据相关文件整理

二是基于租差与清晰产权下的租赁置换。与其他模式不同的是，以真武庙五里 3 号楼为代表的单元楼租赁置换模式主要通过企业与户主私人租赁权的交易获得企业平衡资金来源。改造企业通过老旧小区改造政策接管老旧小区公共区域物业，并在改造与物业管理过程中积累社会资本，加强与居民之间的信任，开启租赁置换。真武庙五里 3 号楼位于西二环附近，3 千米范围内可达复兴商业城、长安商场、中央广播电视总台、西城区审计局等商圈、机关单位，小区附近还配有小学与社区卫生服务中心，教育资源优质，医疗资源便捷，整体区位优势十分明显。该项目原属于央企公房，经过房改后大部分房屋产权归属个人。但由于建设时建造标准较低且目前属于央企与辖区管理的交叉地带，物业服务管理质量较低，整体居住质量并不高，户主多以较低价格将房屋出租给低收入群体。故随着该地区产业的聚集与商业的发展，项目潜在地租与实际地租之间的差距越来越大，因此，企业进入产权再界定过程所获的边际收益越来越高，从而激励企业通过老旧小区改造实现租赁置换。目前，我国仍然禁止公房转租以防止低价牟利与国有资产流失，故该项目选择了房改比例最高的 3 号楼开展。3

号楼有 49 户属于房改房，具备市场化的产权条件，可以转租给改造企业并由其进行内部改造后转租给附近中高收入群体。根据访谈，3 号楼附近还有较多希望参与改造的单元楼，但由于产权复杂——各楼层、各户间产权属于不同单位，同一户内产权可能属于多人以及公房转租仍然受到制度限制等情况，企业认为其他区域产权再界定成本和协商谈判等交易成本过高，最终选择了真武庙五里 3 号楼作为独栋单元楼进行试点。租赁置换更多地依靠市场化模式进行，住户、企业、租户之间的协议签订均属于市场行为，在符合制度规范的基础上政府并不直接干预。因此，较高的项目收益以及清晰的产权条件是该项目运转的充分条件，也是住宅物业管理权再配置的基础。

综合两种改造路径及相应动力，老旧小区市场化改造涉及的存量空间经营权获取条件如下：一是产权运作会带来一定的利益空间，如商业运营中闲置空间改造运营的收益、租赁置换中转租的租金差，这是改造企业进入项目资产产权再界定过程的主要目的；二是产权再界定的交易成本不能过高或过于复杂，相关制度必须留有产权再界定的空间，在制度弹性范围内企业才愿意进行实践，例如租赁置换中对置换房屋产权条件的选择。满足产权运作存在收益空间、产权再界定成本相对较低的条件下，企业才有机会作为改造主体启动存量空间资产控制权及物业管理权再界定过程，并以投资改造老旧小区作为前期投入成本，实现老旧小区的更新。这实质上也是城市化过程中资源价值重新界定的过程：随着人口、产业在空间上的聚集与扩散，最初的资源配置状态已经不能满足经济发展需求，优势区域资产潜在的经济价值不断增长，创造了城市更新的动力；相应的制度体系发生变化，为其提供更新的可能，从而为潜在优势地区注入新的投资，实现原有资产的增值，促使城市空间格局与经济发展格局相匹配。

3. 运行难点

存量空间经营权（产权再界定）依法依规、无偿或平价获取是市场化改造中存量空间商业化运作的基础。在实践过程中，尽管改造政策针对涉及资产产权规定作了一定调整，仍存在着存量空间产权分配与实际控制错位、产权再界定的交易成本过高两大问题，使得改造过程中政府、原产权主体、改造企业之间存在一定摩擦，阻碍了老旧小区市场化改造体系的运行。

（1）管理权限受限

在市场化改造过程中，改造企业前期需要投入大量资金。首先，基础类改造资金由相关政府部门提供，完善类与提升类等包含了便民服务的项目，改造资金则由企业进行成本核算与居民意愿调查后选择性提供。然而，政府资金是有限且不稳定的，只有被纳入老旧小区改造计划名单的小区才能获得较高标准的资金投入，且这部分资金并不一定能够完全覆盖基础类改造内容，存在需要企业出资补足的情况。如在枣园小区—三合南里改造项目中，政府出资改造楼本体，企业资金需补足楼间道路的修建，相对而言，企业对前期改造的投入更大。其次，改造企业多以“先尝后买”的形式为改造小区提供物业服务，但基于长期低价缴纳或不缴纳物业费的习惯及对物业管理公司的不信任，导致目前改造案例中物业费收缴比例均较低，属于亏本运营状态。最后，作为企业平衡资金主要来源的运营空间，还需要进行前期的投资改造使之满足运营的基础条件。

因此，改造企业承担了大部分改造投入资金，但其获得的存量空间的控制权实际上十分有限。其具体表现为两方面：一是使用和收益方式有限——只能通过出租引入服务业态获得租金，无法通过其他方式如资产抵押等获得资金。这使得企业前期融资压力较大，需要依赖长期控制权实现项目盈利，故改造企业与政府签订的空间使用协议多为十年使用权及十年优先续租权。二是适用期限与现有规定存在冲突。改造企业运营的存量空间包括已有规划建筑与临时建筑。根据《城乡规划法》《土地管理法》，临时建筑使用期只有两年，期满可申请一次延期，过期必须拆除。因此，改造中的临时建筑虽然有十年使用权，但仍面临未到期被拆除的风险。故相对而言，企业对存量空间的价值产出影响高于其所获的支配控制权。

而作为闲置空间的原产权单位，其将部分闲置空间控制权转让给区政府相关部门或街道，实际上对老旧小区改造投入了一定成本。对于小区原属单位而言，实质上是产权单位将其无法支配的控制权转移给了可以对其进行经营使用的改造企业，以换取对小区物业管理权的转移与明晰，产权的再界定符合变化性原则；但对于其他产权单位而言，若对小区改造责任与其本身无关，在不参与产权再界定收益分配的情况下则难以说服其放弃资产控制权，需要政府在其中协调。根据巴泽尔的产权理论，产权界定应遵循变化性配置原则，然而在市场化改造中，改造企业作为主要影响改造成果与空间运营收益的一方，相对而言，掌握的控制权主要依靠时间期限，缺乏制度保障；原产权单位根据改造小区所属单位情况，也存在着产权配置错位的情况，故产权再界定过程对企业来说存在投资过大、收益周期过长、制度保障缺位等问题，对原产权单位而言缺乏参与动力，增加协商成本，产权交易及运作的效率较低。

（2）交易成本过高

存量空间产权再界定的交易成本主要是和不同主体进行协商谈判的成本。根据存量空间产权交易过程，交易成本产生于两个环节：第一个环节是产权从原产权主体转让给改造企业过程中产生的成本。主要表现为改造企业、政府部门、原产权主体之间的协商成本。在商业运营作为存量空间运营方式的模式中，原产权主体与政府签订存量空间使用协议，将存量空间在一定期限内的使用权、处分权和收益权免费转让给基层政府所有，再由基层政府通过合同转让给改造企业。这一过程中，待改造存量空间、改造方式、使用期限均需要实时协商，由基层政府确定可转让存量空间及转让意愿后，三方进行反复讨论与确认，缺乏成文规定，多依靠政府的组织统筹能力，协调成本的高低存在大量不确定性，易影响产权交易效率，阻碍市场化改造的可持续发展。第二个环节是空间运营过程中产生的成本。来自两个方面，一方面是存量空间用途改变过程中的制度成本，另一方面是改造过程中与居民的协商成本。在存量空间改造运营过程中，存量空间原有用途较为复杂，包括商用底商、锅炉房、堆煤场、社区闲置用房。改造企业将其部分改为公共活动空间，更多地改为经营性空间，引入商业化便民业态，故存在改造后空间使用性质与建筑规划性质不符的情况。虽然根据最新出台的政策，老旧小区改造允许这类情况出现，但相关规定还未更新，使得空间产权运营处于一种“非正式状态”——规划审批手续需要以会议纪要作为证明办理，服务业态的消防、卫生手续无法办理，面临开业检查的难题。这种上层制度变革与实际制度执行的时间差距使得“模糊产权”再界定过程充满了不确定性，难以完成清晰产权再配置。

在对存量空间、老旧小区进行设计、施工过程中，居民意见的协商与统一是重要环节。一方面居民可通过居民代表议事会了解设计施工方案并提供相关建议，另一方面居民也会在施工过程中通过投诉渠道反馈自己对于改造的相关意见。前者属于改造程序中的常规行为，后者则属于非常规行为。但据访谈对象表示，居民通过投诉反馈意见通常是改造施工过程中面临的最棘手问题。居民的意见常相互冲突与矛盾，因此，很难从根本上解决并达到基本满意的状态，需要改造企业和基层政府工作人员不断调解。平衡居民群体的意见大大增加了施工过程的时间成本，拉长了存量空间完成产权交易的时间线。老旧小区市场化改造虽然已经围绕产权作出了种种制度变革，但资产控制权分配的错位、制度与协调带来的高额交易成本，提高了改造企业压力。这些问题在改造前期可通过企业的大量人力物力投入与政府的高度关注得到解决，但对于市场化改造的可持续发展而言，却埋下了较大隐患，需要通过制度的不断创新加以克服。

| 五 |

国外、国内更新的经验借鉴

（一）国外经验

1. 新加坡的公共住宅区更新制度

（1）制度特征

结合新加坡的发展历史，其城市更新可大体经历清除贫民窟与大规模重建、社区物理环境提升、自上而下与自下而上结合的社区综合复兴三个阶段[①]。其中，第二阶段与第三阶段是针对国家处于发展和发达阶段的更新行动，形成了多类别的公共住宅区的更新策略。新加坡的城市更新建立在建屋发展局（HDB）推进的基础上，政府的角色主要是资金供应者与项目推进者，居民主要是项目的监督者、更新的受益者或少量资金的供应者。针对差异化的改造需求，新加坡的社区更新主要形成了以下几种类型（表 5-1）。除此之外，新加坡积极推广承包商养护制度，把一些园艺工作，如割草、修剪树木、移植树木、打扫公园等交给私人承包商负责，以公开招标投标方式邀请私人机构参与园艺养护作业，从而提高经济效益。目前，新加坡 90% 的绿地养护已推向市场[②]。

① 张威，刘佳燕，王才强．新加坡公共住宅区更新改造的政策体系、主要策略与经验启示 [J/OL]. 国际城市规划：1-27.[2021-11-17].http：//kns.cnki.net/kcms/detail/11.5583.TU.20210313.1351.002.html.

② 杨昌宇，姚子刚，方田红．多方协作的社区治理体系研究——新加坡模式启示 [C]// 中国城市规划学会，成都市人民政府．面向高质量发展的空间治理——2021 中国城市规划年会论文集（19 住房与社区规划）．上海：华东理工大学，2021：8.

新加坡社区更新类型 表 5-1

更新改造计划	改造类型	资金来源	决策机制	备注
主要翻新计划	设施修缮填充类改造。针对 1975 年之前建成的住宅，从住宅区、建筑单体和住户单元三个层面进行更新改造	政府承担大部分费用；居民承担小部分费用	75% 居民投票制	政府监管执行，居民监督反馈
中期翻新计划	环境美化类改造。对住宅区环境和建筑外立面的改造	政府承担	75% 居民投票制	市镇理事会监管执行
电梯翻新计划	设施填充类改造。为公共住宅区加装电梯	市镇理事会储备金承担大部分费用；居民承担小部分费用	75% 居民投票制	市镇理事会监管执行
中期翻新延伸计划	环境美化、设施填充类改造。这一计划包含了“中期翻新计划”和“电梯翻新计划”两个项目，使之可以同时开展，对象是建设于 1981—1985 年间的住宅区	市镇理事会储备金承担大部分费用；居民承担小部分费用	75% 居民投票制	市镇理事会执行
家居改进计划	环境美化、设施填充类改造。针对 1986 年之前建成的尚未接受过主要翻新计划的高龄公共住宅，解决常见的维护问题。具体包括三大部分：基本工程、选择工程和“乐龄易计划”	政府承担基本工程的全部费用；政府和居民共同承担其他工程的费用	基本工程政府强制执行，其他工程居民自主选择	政府监管执行
邻里更新计划	环境美化、设施填充类改造。针对 1995 年之前建成的尚未接受“主要翻新计划”“中期翻新计划”和“中期翻新延伸计划”的公共住宅区，对其住宅区室外环境以及建筑单体进行更新改造	政府承担全部费用	75% 居民投票制	市镇理事会监管执行
选择性整体重建计划	拆除重建类改造。主要是将符合条件的旧公共住宅区拆除，重建为质量更好、拥有更高密度和容积率的新住宅区	政府按照市场价收购旧屋并给予新房购买额外补偿	政府决定方案，居民参与调研	政府监管执行
再创我们的家园	综合类改造。包括绿色社区、智慧社区、居民参与和多层级联合更新	公共空间更新改造政府承担全部费用	自下而上的居民参与	政府监管执行

资料来源：结合参考文献“新加坡公共住宅区更新改造的政策体系、主要策略与经验启示”补充完善

（2）制度评价

新加坡社区更新模式的主要优势如下：一是政府监管执行的高效率。绝大多数涉及基础设施、居住环境的改造行动均由政府直接投资与监管执行，很大程度上能够保证更新改造的资金链，确保更新项目的持续落地。二是居民更新选择的自主化。更新

行动为居民提供了改造的多种选择方案，能够使大多数居民在改造过程中绝对受益，对于具备经济条件的居民可以自主选择基本改造工程之外的改造，实际上通过市场购买的方式实现自身居住条件的提升。但新加坡社区更新模式的显著劣势在于更新过程过度依赖政府资金和政府行动，尽管对于“城市国家”的新加坡能够发挥显著作用，但对于规模庞大的国家与城市而言，尤其是处于发展初期或衰落阶段的城市，该模式难以推广。

2. 芬兰的住房公司制度 ①

(1) 制度特征

在芬兰的填充式老旧社区更新过程中，住房公司承担着连接政府、私人业主、房地产商等更新改造过程中各利益主体的关键作用。住房公司是房地产企业发展到一定阶段的产物，住房购买的过程实质上是住房公司股份获取的过程。芬兰社区更新住房公司模式的显著特征是住房公司与开发企业共同承担改造投入，强调通过拓宽收入来源分摊改造成本，各个参与主体在模式运作过程中发挥的功能有所差异（图 5-1）：一是住房公司。住房公司将待改造社区的部分土地、建筑以股份形式出售给房地产开发企业进行商业再开发，新建筑所有权为住房公司全部股东共有，认购资金和项目利润分成作为社区改造资金来源。住房公司的工作重点和难点是必须与其他可能有利益冲突的股东协商，对共有土地的开发和社区公共建筑的处置达成一致。二是公共部门。城市公共部门在老旧社区填充式开发过程中主要起到引导、推动的作用。具体而言可以二分为激励作用和协调作用：城市政府通过公共政策的制定激励社会资金的投资，用以提升改造各方的积极性；同时，通过召开听证会、对利益冲突的群体进行协调，并解决更新过程中产生的负外部性，减少改造的阻力。三是房地产开发商。房地产开发公司是老旧社区填充式开发的主要投资与实施主体，是提供改造项目资金和保障开发改造工程质量的关键。住房公司将部分股份出售给房地产开发商，获得的股金收入用于支付改造成本；对于认购增发股份的开发公司，缴纳股份认购金，获得新开发建筑的排他所有权。

---

① 周佳乐，丁锐，张小平，等. 芬兰老旧社区填充式开发模式与启示 [J/OL]. 国际城市规划：1-18. [2021-11-15].http://kns.cnki.net/kcms/detail/11.5583.TU.20201126.1521.004.html.

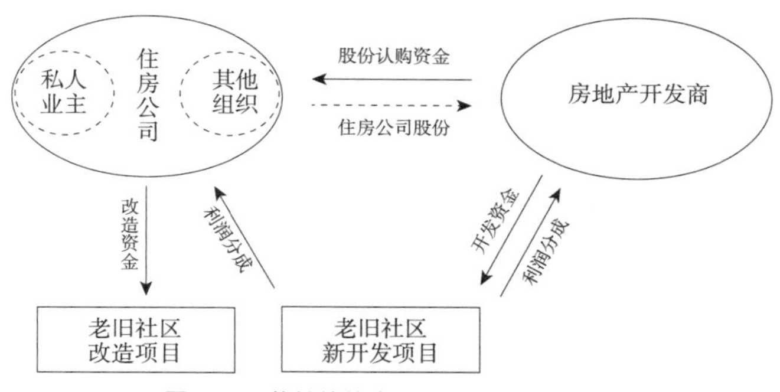

图 5-1 芬兰的住房公司改造模式示意图

图片来源：芬兰老旧社区填充式开发模式与启示

（2）制度评价

芬兰的社区更新制度的优势包括：一是利用开发项目的收益反哺改造项目的支出，能够有效利用市场机制获得改造资金，减轻政府的财政负担。由于新开发项目往往是老旧社区改造项目的一部分，其土地价值的再分配过程对于具备发展潜力的城市旧区而言具有丰富的借鉴意义。二是以股份制的方式吸引市场投资，有利于增强市场对于老旧社区改造的参与积极性。芬兰社区更新制度实施的关键问题包括以下两方面：一是住房公司的经营风险难以规避。市场机制下，经营不善的住房公司会直接造成居民股份的丧失，其对于住房的产权将面临极大威胁；垄断下的住房公司将面临住房价格（即股金）失控的风险，居民的利益极易受损。二是该模式适用于土地私有制的国家，对于土地公有制国家而言，政府本身承担了住房公司的角色，改造资金本身是政府财政收入的组成部分，本质上回归了政府主导下的城市更新状态。

3. 德国的城市更新资金制度[①]

（1）制度背景

德国在第二次世界大战后经历了从分裂到统一的发展历程，在统一后完成对民主德国地区的城市更新项目支持后，逐步进入社会问题导向的城市更新创新阶段，城市更新治理侧重社会问题的解决，谨慎更新（Behutsame Stadterneuerung）

---

① 谭肖红，乌尔·阿特克，易鑫 .1960—2019 年德国城市更新的制度设计和实践策略 [J/OL]. 国际城市规划：1–19. [2021–11–17]. http：//kns.cnki.net/kcms/detail/11.5583.TU.20210910.1640.002.html.

作为德国旧城更新最为核心的部分[①]。德国第一部城市更新法律《城市建设资助法》（*Stadtebauförderungsgesetz*）于1971年正式颁布，成为国家层面系统性城市更新制度正式建立的标志。随后陆续出台和修订《住房现代化改造法》（1976年）、《城市建设资助法》（1984年）、《建设法典》（1987年、1990年、1998年、2004年、2006年）、《现代化改造协议》《社会城市》（1999年）、《整合性城市发展构想》（ISEK）。城市更新政策和住房政策联系紧密，随着对旧建筑价值的重新认识和接受，私人翻新改造旧建筑的积极性上涨，德国政府逐步减少了住房更新的公共财政资助，通过政策激励来促进私人资本投入旧建筑的现代化改造与翻新，以满足内城区内日益增长的住房需求。1976年颁布的《住房现代化改造法》（*Wohnungsmodernisierungsgesetz*）为此提供了法律支持。为了便于住房更新的开展，1987年《城市建设资助法》和《住房现代化法》被整合并纳入《建设法典》（*Baugesetzbuch*）。由于住房的现代化翻新导致的租金上涨逐渐引起公众的担心，德国通过《现代化改造协议》（*Modernisierungsvereinbarung*）来调控住房更新后租金的上涨幅度，以更好地保护原租客的利益。城市更新公共资金在更新治理方式的变革下呈现出新的特征，以合作型更新基金为代表的更新资金有效支持了更新公众参与的广泛展开。从1999年开始，德国正式启动名为"社会城市"（Soziale Stadt）的综合性城市更新项目，探索把城市空间、经济、社会和文化等多维度策略综合起来的社区干预方法和城市更新路径，通过社区参与和沟通式规划来促进社区的稳定化和可持续健康发展。其中，合作性更新基金（Verfügungsfond）有效支持了公众参与的广泛展开，《整合性城市发展构想》（*Integrierte städtebauliche Entwicklungskonzepte*）作为新型的沟通协作式规划工具被正式纳入法律文本，并成为社区更新规划制定和决策的主要工具。1990年德国统一以来，德国通过城市发展资金对全国800多个城市的城市更新项目进行了资助（图5-2）。

（2）资金规定

德国《基本法》第104b条赋予了联邦政府进行资金分配的特定权力。根据该规

---

① 克劳伊茨贝格谨慎更新十二条规则：1. 城市更新的规划和实施必须考虑本地居民和商家；2. 将技术规划与社会规划结合起来考虑；3. 保留街区的独特风貌以此唤醒信任感，实体结构的损坏应尽快修复；4. 建筑的一层应允许变更其用途；5. 更新需循序渐进，逐步推进；6. 尽量少地拆除，提升现有建筑的庭院绿化，并修复或重新设计外墙；7. 按照市级需要对公共设施和街道、地方及绿色空间进行改善或建设；8. 在社会规划方面，务必要考虑所有相关人员的参与权和物质权利；9. 所有决定在信任和开诚布公的基础上完成，加强本地利益主体代表性；10. 城市更新需要可靠的资金，并恰当地使用资金；11. 必须建立新的、关注于地方利益的董事制度；12. 谨慎的城市更新是长期的责任。

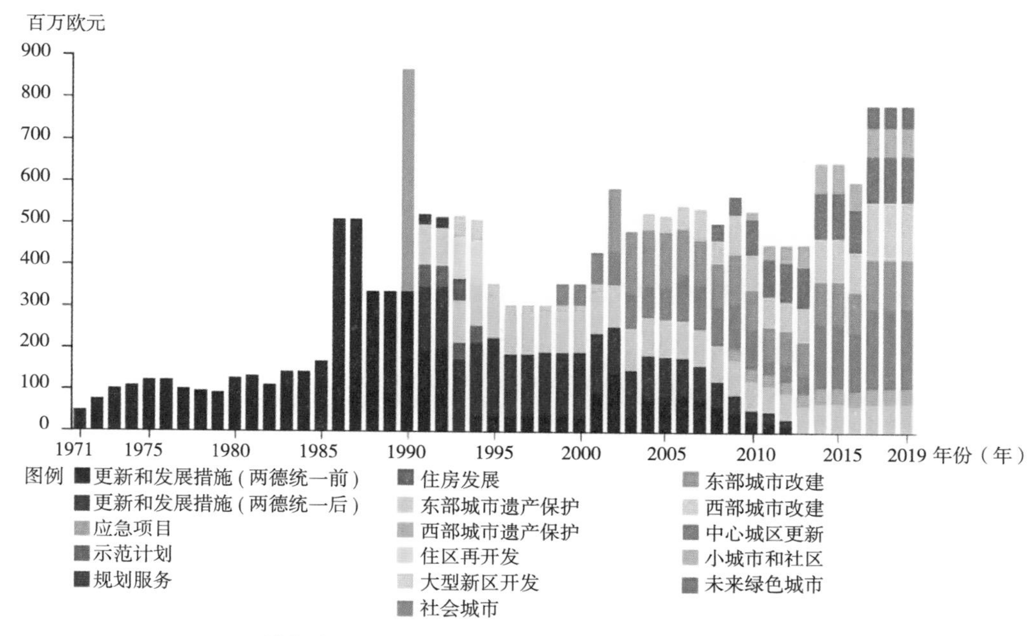

图 5-2　1971—2019 年间德国城市更新资助项目

图片来源：1960—2019 年德国城市更新的制度设计和实践策略

定，联邦政府负责为 16 个联邦州的城市更新和建设提供财政支持；联邦、州和地方政府根据“1/3 原则”各提供 1/3 的城市更新资金。根据《建设法典》第 164 条，市和镇政府主要负责制定城市更新措施和编制更新规划；州政府负责确定城市更新公共资金分配的优先等级，然后以州为单位向联邦政府申请城市更新的资金支持；联邦政府和州政府之间通过制定行政管理协议（Verwaltungsvereinbarung）来监管城市更新目标和实施效果，包括措施、目标、资助重点与具体项目实施、相关财政预算和各州的资金分配等。《基本法》第 104b 条还规定城市更新公共资金的使用有特定期限，需要进行阶段性的评估。2008 年以来，每个接受联邦和州城市发展资金的城市都可以设立“社区合作性基金”，这些基金直接用于小尺度更新项目的开展。社区合作性基金实质上是更新资金的筹集工具，资金的 50% 来自联邦、州和地方政府，50% 来自企业、房地产市场和社会企业；个别情况下，社区合作性基金全部由政府提供。也就是说，社区合作性基金的每一欧元私人投入都将获得来自城市发展预算（联邦、州和地方）相同金额的补贴，大大提升了社会资本投入的积极性。德国城市更新资金制度的优势在于能够利用政府的投资补助促进市场资金的注入，能够实现投资主体的多元化，从而降低单个投资主体的投资风险，极大地刺激了市场力量参与城市更新进程。

4. 英国的三方合作制度

（1）制度特征

第二次世界大战后，英国的城市更新先后经历了凯恩斯主义下的政府主导阶段和新自由主义下的市场主导阶段，但这两阶段的更新主要侧重于物质环境更新，对社区问题的解决能力较弱[①]。20世纪80年代后期，英国的城市更新开始向“公—私—社区”三方合作模式探索，最初形态是“城市挑战”基金，鼓励地方政府、企业、社区等角色参与竞标，在计划实施过程中形成合作伙伴关系，试图以政府资金投入拉动更多的社会资本投资；随后是以投标竞标方式进行的“综合更新预算”基金，通过多轮竞标获取资金资助地方的城市更新行动，明确提出将改善就业、打击犯罪、促进医疗卫生文化体育事业发展作为城市更新的目标；为了解决数量依然庞大的贫困社区问题，“社区新政”成为深化社区参与的新机制。中央政府确定贫困社区名单，并对更新实施过程中社区参与程度进行动态考察，主要特征是更新范围较小、资金投资集中、关注社会服务、提升社区能力[②]。

（2）制度评价

“公—私—社区”三方合作的优势在于可以利用较少的政府资金撬动社会资本，降低政府行政成本；采用竞争机制，推动竞标者不断完善更新计划，在很大程度上能够保证更新的质量；充分发挥社区参与的主动性，以内生型路径实现社区服务水平的提升，降低政府投资与社区需求错位问题发生的概率。

5. 法国的协议开发区制度

20世纪70年代以来，随着法国迈入后工业化时期，巴黎城市内的传统工业区逐渐出现衰败现象，失业人口增加、生态环境恶化等问题显现，城市更新迫在眉睫。基于这类问题，法国政府建立了协议开发区制度，并将其纳入《城市规划法典》。协议开发区的主要特征主要包括以下三个方面：一是突破原有行政边界的约束。协议开发区是由地方政府与土地的所有者进行协商，达成一致后签署协议，具体范围可根据更新改造的实际需要和开发计划进行灵活性的调整。二是打破了政府主导更新的局面，代

① 张更立．走向三方合作的伙伴关系：西方城市更新政策的演变及其对中国的启示[J]. 城市发展研究，2004（4）：26–32.

② 严雅琦，田莉．1990年代以来英国的城市更新实施政策演进及其对我国的启示[J]. 上海城市规划，2016（5）：54–59.

之以多方的平等参与。虽然协议开发区的确立是政府行为，但政府在后续更新过程的实际干预能力明显下降，公共机构、建筑师、各类企业的参与能力显著提升。三是强调区域的综合开发，形成了一定范围内传承性、系统性的城市更新。以贝西开发区为例，随着葡萄酒贸易的削减，靠近塞纳河的贝西地区作为原有的葡萄酒仓储用地逐渐被荒废。随后进行的更新改造不仅关注公园建设等优质公共空间的打造，还充分利用贝西的传统葡萄酒文化打造消费街区，建立起以高端酒店行业为代表的产业基础，吸引诸多商务、办公服务入驻。以贝西为代表的巴黎更新实践经历了政府放权、多元协同和综合开发的三个阶段，既保留了当地的文化传统，同时又避免了土地的单一利用，依靠协议开发区更新提升了内部活力①。

（二）国内经验

1. 台湾地区的权利变换制度②

台湾地区“都市更新”经历了当局一元主导、民间主体参与的发展阶段，在实践探索中形成了征收制度、协议合建制度。但在征收制度的实施过程中，加剧了城市内部中低收入者的住房困难问题，导致居民社会认同感的下降；由于协议合建制度受当局规范程度限制，城市更新过程处于卖方市场，居民与开发商的私下谈判难以保障其权益。随着城市更新逐步进入多元主体共同协作的新阶段，权利变换制度顺势而生，为解决社区更新后的利益分配问题提供了新的思路。

台湾地区以“条例”形式确定了权利变换制度的地位：“更新单元内重建区段之土地所有权人、合法建筑所有权人、他项权利人或实施者，提供土地、建筑物、他项权利或资金，参与或实施都市更新事业，于都市更新事业计划实施完成后，按其更新前权利价值提供资金比例，分配更新后建筑物及土地之应有部分或权利金。”该制度的优势在于：以更新前总价值的结构来分配更新后的总价值，将错综复杂的产权关系简化，对于涉及多个主体产权单位、产权关系复杂混乱的社区更新有一定的借鉴作用（图 5-3）。台湾地区特别强调以人民福利和公共利益为考量，从早期单点维护转变为

---

① 刘健．注重整体协调的城市更新改造：法国协议开发区制度在巴黎的实践 [J]. 国际城市规划，2013，28（6）：57-66.

② 郭湘闽，冀萱，王冬雪，等．产权多元化背景下台湾都市更新中的权利变换制度及其启示 [J]. 国际城市规划，2020，35（3）：119-127.

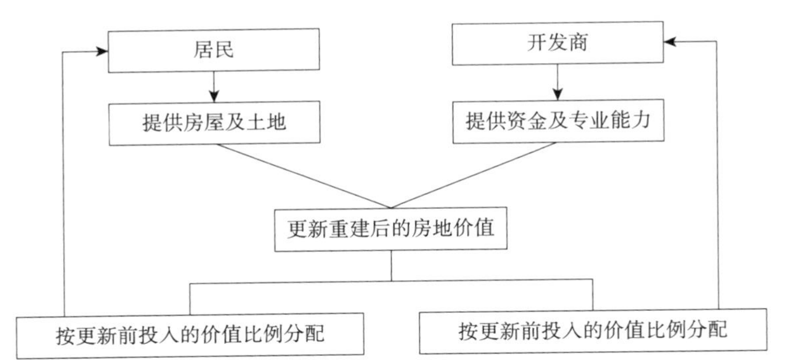

图 5-3　台湾地区权利变换制度的权益分配模式

图片来源：郭湘闽，冀萱，王冬雪，等．产权多元化背景下台湾都市更新中的权利变换制度及其启示 [J]. 国际城市规划，2020，35（3）：119-127.

地方发展的整体环境整建，通过优先划定更新范围和制定实施计划，避免权力压迫而改变更新区域导致整体利益受损的现象①。

2. 香港的“4R”重建规则

（1）发展背景

香港城市更新经历了早期特区政府不干预下的市场主导模式（20世纪80年代前）、特区政府有限介入下的LDC时期（1988—2001）、特区政府介入强化的URA时期（2001年起）。其中，LDC（土地发展公司）于1988年成立，作为法定公营机构，负责市区重建，以推动市场主导下征地难度大、财务可行性低的高密度地区重建工作。然而特区政府并未给予LDC实质性的财政支持，只在其成立初期提供了一小笔仍需归还的贷款（仅3100万港元）作为启动资金。故LDC仍偏重市场运行模式，将焦点放在那些具有盈利性的项目，而回避那些真正迫切需要重建、但财务不可行或拆迁难度大的地区，未能实现其成立初期的预期目标。基于此，2001年URA（市区重建局）成立，日常财务运营独立于特区政府，可以通过市场手段对土地、物业进行收储、出售、出租等，盈余资金也可以用于其他投资，但最终收益要用于香港市区重建项目。URA试图重新制定城市更新政策体系，以凸显市场机制前提下特区政府角色的强化、全面化城市更新理念以及“以人为本”的城市更新价值观，形成地区为本、与民共议的“4R”重建策略，呼应了该时期的全面化的、可持续的、“以人为本”的城市更新政策取向，令城

① 张乔棻．台湾地区历史地段城市更新经验及其启示 [J]. 地域研究与开发，2015，34（5）：84-89.

市更新中社会、经济、文化和物质环境等各个要素得到综合、平衡的考虑。

（2）重建内容

香港重建侧重四个方面：一是重建发展（Redevelopment），即对残旧建筑物进行拆除式重建，去旧立新。为了推进发展效率，重建发展可由居民自下而上提出“需求主导重建计划”，即居民可以通过联合大部分业主的方式主动向URA提出重建项目的申请。URA根据联合申请业主的业权百分比、楼宇状况的核实、申请地盘的占地面积等进行筛选后同意。其中，联合业权百分比要求达到80%，申请地盘面积不得小于700平方米。这两个条件使得最终落实的项目并不多，前四轮收到的189份申请中仅有9个项目得以落实。重建发展是更新的核心内容，也是URA保持财务平衡的主要更新手段。在重建发展中获得的财务盈余，将被投入到其他更新项目中。二是楼宇复修（Rehabilitation），即对残旧建筑物进行保养和维修，防止建筑物老化。其主要依靠业主通过管理和及时维修自己的物业以及公共空间、设施，改善老旧楼宇物质环境，延长楼宇使用年限。香港特区政府在2012年推出了“强制验楼计划”和“强制验窗计划”（表5-2），并辅以相应的奖惩措施，督促楼宇业主对楼体和窗户进行勘验。相比于拆除重建，楼宇修复更为温和、持久，且不涉及业权的回收开发，是香港地区楼宇更新的重点手段。三是旧区活化（Revitalization），通过适当途径改善某些地区的经济和环境状况，为旧区带来新气象。四是文物保育（Conservation），对具有历史、文化或建筑价值的楼宇、地点及建筑物给予保存和修葺，并致力保留地方特色。旧区活化与文物保育是城市更新中的配合手段，主要散点分布在重建发展区内，以保存历史特色和地方活力。

强制验楼及验窗计划具体内容 表5-2

计划名称	楼宇条件	检验周期	检验内容
强制验楼计划	高于3层，楼龄30年及以上	每10年检验1次	楼宇外部构件及其他实体构件；结构构件；消防安全构件；排水系统；楼宇公用部分、公用部分以外的楼宇外部的僭建物[①]
强制验窗计划	高于3层，楼龄10年及以上	每5年检验1次	楼宇所有窗户及玻璃百叶窗，包括个别私人处所及楼宇公用部分的玻璃墙

资料来源：作者整理

① 香港对违建物的俗称。

（3）执行机构

香港是较早进行城市更新制度探索的地区，于 2001 年 5 月组建了市区重建局，取代原有的土地发展公司，以官方机构的角色执行特区政府颁布的《市区重建策略》，推进城市更新工作。市区重建局秉承“以人为先、地区为本、与民共议”的理念，不仅负责楼宇的修复与收购、工程项目的建设与活化，同时对更新规划与政策、公共设施管理与保养、项目的可行性和策略进行研究与设计，形成了以营运和商务两大执行板块为主体的组织架构（图 5-4）。与此同时，市区重建局与当地社会组织进行密切合作，通过将部分收购的房屋楼宇翻新后交由社会组织运营的方式，缓解香港市区住房条件恶劣、住房成本较高的问题，为有需求者提供可支付住房。市区重建局的优势主要表现为以下三点：一是以企业管理的思路进行组织内部管理，有利于提升整体运行效率；二是组织结构内既有对现有建设问题的处置部门，也有对更新后的土地与产权再分配的管理部门，实现了资源重分配的有效管理；三是与社会组织进行良性互动和有效合作，通过纳入社会组织力量进行部分更新区的后续运营，实现了更新管理成本的降低，也为缓解城市住房问题提出合理方案。

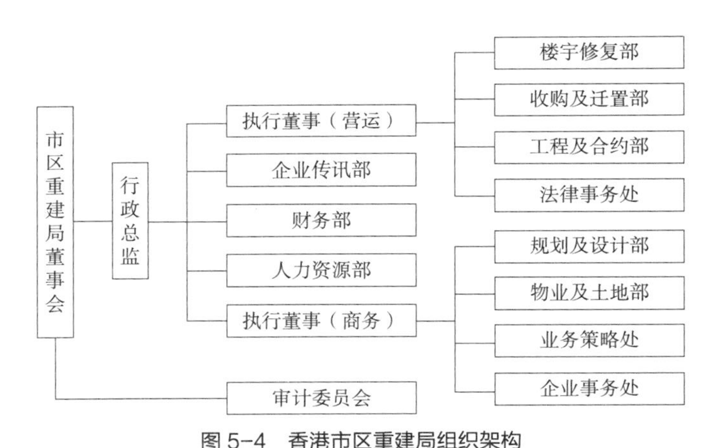

图 5-4 香港市区重建局组织架构

图片来源：根据香港市区重建局官方网站绘制

（4）政策保障

在成立 URA 的同时，香港制定并发布了《市区重建策略》，作为香港城市更新的行动指南，相当于香港市区重建的专项总体规划与行动计划，向 URA 的工作提供整体的政策指引。此外，特区政府针对《市区重建策略》在征收补偿、规划编制等方面的不足，陆续出台了《收回土地条例》等配套措施，形成了以《市区重建策略》为核心的公共政策体系，详细规范了职责与责任、规划程序、土地征收等各个方面的工作（表 5-3），为推进香港市区重建工作提供了健全有力的制度保障。同时，URA 的发展计划图在市区重建规划与法律层面都得到了较高的重视。

城市更新政策内容 表 5-3

保障机制	《市区重建策略》《收回土地条例》《土地条例》等
市区重建方式	“4R”原则
公众问责性与决策透明度	对 URA 董事会成员申报利益有严格要求； URA 负责人被要求到立法会进行公开答问
财务安排	特区政府注资 100 亿港元以帮助 URA 开展重建项目；豁免地价款；豁免相关税费
规划程序	五年业务纲领与年度业务计划每年提交财政司作一次性审批； 重建项目 / 计划的细节进行公开展览，公众可提出反对及上诉
土地征购	URA 可直接向特区政府申请强制性土地征购而不必事先与业主进行谈判协商
赔偿安置	以同地区、同面积、同条件的 7 年楼龄住宅单位市场价格为基础进行赔偿； 在安置租户方面与公屋经营管理机构（房屋委员会和房屋协会）进行合作
社区关怀	分两阶段开展重建项目的社会影响评估； 在每个重建目标区设立一支市区重建社会服务小组； 在每个重建目标区建立一个分区咨询委员会为 URA 提供建议和协助

资料来源：香港市区重建局官方网站

3. 深圳的系统性制度体系

（1）机构建设

深圳自 20 世纪 90 年代起进行了大规模的土地城市化运动，促使农业用地向城市用地的快速转变，但部分土地的产权尚不明晰，原有的村集体土地和国有土地纵横交错，给土地流转和收益分配带来巨大障碍[①]。在面临土地整备的迫切需求和广东省“三旧”改造和城市更新工作持续推进的背景下，深圳市于 2019 年 1 月整合组建了城市更新和土地整备局，成为市规划和自然资源局直属的副局级机构，内设综合处、计划处、更新处和装备处四个处室。其涵盖查处违法建筑、进行土地整备规划、制定土地整备资金计划等职能。

① 林强 . 半城市化地区规划实施的困境与路径——基于深圳土地整备制度的政策分析 [J]. 规划师，2017，33（9）：35-39.

（2）制度建设

深圳市城市更新制度建设涉及以下几个方面：一是地方立法角度。目前，国内城市更新领域的地方立法逐渐兴起，深圳市陆续发布《深圳市城市更新办法》《深圳市城市更新办法实施细则》等政策文件，较早出台了《深圳经济特区城市更新条例》，并于 2021 年 3 月 1 日正式施行，规定了城市更新的目标、工作程序。对城市更新单元的规划与计划申报、编制与审查管理做出规范，对拆除重建类城市更新的申请条件、协议签订、争议调解、重建监管等方面进行严格的规定，对综合整治类城市更新的内容、旧住宅区、旧商业区与旧工业区的整治和增加面积做出规范，最后明确保障与监督和法律责任。二是政府规章角度。深圳市政府及相关部门针对出现的问题及时出台政策文件，如《深圳市城市更新历史用地处置暂行规定》《关于加强和改进城市更新实施工作的暂行措施》《深圳市城市更新土地、建筑物信息核查及历史用地处置操作规程》《深圳市城市更新外部移交公共设施用地实施管理规定》等，支撑城市更新项目的顺利、规范进行。三是标准规范角度。深圳市以政府规范性文件形式颁布的技术标准和操作指引成为城市更新标准化建设的重要举措，内容主要涉及更新规划项目的申报、编制与审批，土地产权重构的地价计收、补偿方法，配套住房保障的配建规范等方面，为城市更新管理规范化提供依据，如《深圳市城市更新单元规划制定计划申报指引》《城市更新单元规划审批操作规程》《深圳市城市更新单元规划容积率审查技术指引（试行）》《深圳市地价测算规则》《深圳市城市更新单元规划编制技术规定》《深圳市城市更新项目保障性住房配建比例暂行规定》等。四是制度创新角度。深圳市出台了系列的配套实施文件，如《深圳市城市更新项目创新型产业用房配建规定》（2016）、《深圳市拆除重建类城市更新单元旧屋村范围认定办法》（2018）等，建立了产权重构和增值收益分配机制。在面对国有土地和村集体土地混杂的问题时，对农村违法建设用地进行了产权重置，在“政府引导、市场开发”的框架下，政府对 20% 的违法建设用地进行回收储备，其余 80% 的用地交给市场进行开发，并规定一定比例的用地优先建设公共设施；对于土地收益的分配，深圳市在处理该问题时充分考虑历史遗留问题，要求原集体对相关土地的经济关系进行自主清理，在补办完整相关手续后进行出让，并按照基准地价的 110% 进行补偿，从而保障以非划拨方式获得土地者的权益。

（三）经验借鉴

1. 谁来改：政府由主导转向保障

当前的城市更新全过程仍然主要建立在政府主导的基础上，政府在更新区选定、资金筹集与投入、项目实施与监管过程中发挥着垄断作用，这对于城市更新的效率、质量产生了一定的负向影响。因此，政府应转变在城市更新运行过程中的角色，实现由主导向保障的转变，即关注更新的起点与结果，在宏观层面把握更新项目的进展与成果质量；而更新的过程则适当放款给市场，在此过程中给予居民与市场主体沟通协商的平台与利益保护。例如，可以参考中国台湾地区的经验，对于合法的土地使用权人可适度释放建设许可权，鼓励原土地使用权人主动提出或自行进行更新，允许原土地使用权人不必采用招拍挂方式，而是通过协议方式获得土地使用权；保证其在更新后仍能获得土地使用权，以鼓励合法土地使用权人配合城市更新进程。

2. 钱哪来：投入主体多元化

缺乏庞大、持续性的投入资金是城市更新推进过程中面临的最大瓶颈，由政府财政资金主导的城市更新往往面临“治标不治本”的困境，即在更新的基础工程上能够实现标准化的更新效果，但完善提升类的更新所需的成本更高，对于居民生活质量的提升更为显著，但财政投入却展现乏力。因此，推动投入主体的多元化是城市更新资金结构优化的方向，参考芬兰、德国的实践经验，积极鼓励社会资本投入更新项目，以政府补贴带动投资积极性，鼓励股份制资金投入，形成政府、社区企业、居民的协作机制，由政府承担基础性改造工程，其他主体承担提升性改造工程，最终实现风险共担、利益共享。

3. 改什么：改造选择的自主性

城市更新的过程是空间资源再分配的过程，是对城市上一发展阶段形成的差距进行的弥补，尽管在共同富裕和社会公平的引领下能够完成社区基础设施的标准化建设，但并不意味着所有的更新项目都要展开同质化的改造选择。因此，可以参考新加坡更新改造模式，对更新项目明确进行分级分类，实现“基础性改造全部覆盖、提升性改造强化推进、增值性改造有所选择”的更新目标。对于居民平均收入低、设施基础较差、发展潜力小的更新项目，重点推进基础性与提升性改造；对于设施基础相对较好、发展潜力大的更新项目，可以在完成基础性、提升性改造的基础上探索增值性改造路径，通过居民协商达成改造目标共识。

4. 如何改：提供有力制度环境

城市更新探索较为突出的城市纷纷出台系统完备的城市更新管理政策文件，涉及地方立法、技术标准、政策体系、审批程序等，提供有力的制度环境，推进制度创新。如深圳对市场实施的旧住宅区改造进行了一些探索：一是以地方立法的形式明确了旧住宅区搬迁补偿标准，采用原地产权置换的，应按照套内面积不少于 1：1 的比例进行补偿；二是探索了个别征收，旧住宅区已签订搬迁补偿协议的专有部分面积和物业权利人人数占比均超过 95% 的，政府可以对未签约部分实施房屋征收。北京市、重庆市、济宁市等城市提出城市更新审批程序的简易化方案，优化审批流程，减免部分收费，促进了审批效率的提高。

六
城市更新的政策建议

（一）更新逻辑

1. 更新本质

（1）管理本质

城市更新管理实质上是空间资源的再次分配，是部分私有产权的公有化，涉及空间开发权的区域统筹，补充过去缺位功能、提升公共服务水平，实现一定空间范围内居住、工作、休闲等多重功能的一体化，与周边地区能够进行高度互动。城市更新遵循“动力机制 + 参与主体 + 制度程序 + 投资收益 + 客观规律”五位一体形成的系统性运行逻辑（图 6-1）。

（2）规划本质

按照国土空间规划体系要求，城市更新规划属于专项规划，以一定行政管理区域为规划范围，是指导规定行政区域内城市更新工作的总体安排，包括更新目标、组织体系、重点更新区域、更新保障机制等内容。城市更新规划内容纳入控制性详细规划，城市更新项目依据控制性详细规划和项目更新需要，编制实施方案。

2. 更新理念

（1）系统管理理念

城市更新管理应适当借鉴城市规划管理的整体性视角，对城市范围内所有的更新行动进行系统性、全局性和前瞻性的规划与建设。尤其是在城中村更新中，应对城市内、城市周边的更新对象进行有效掌握，制定整体性的更新策略，动态掌握更新项目

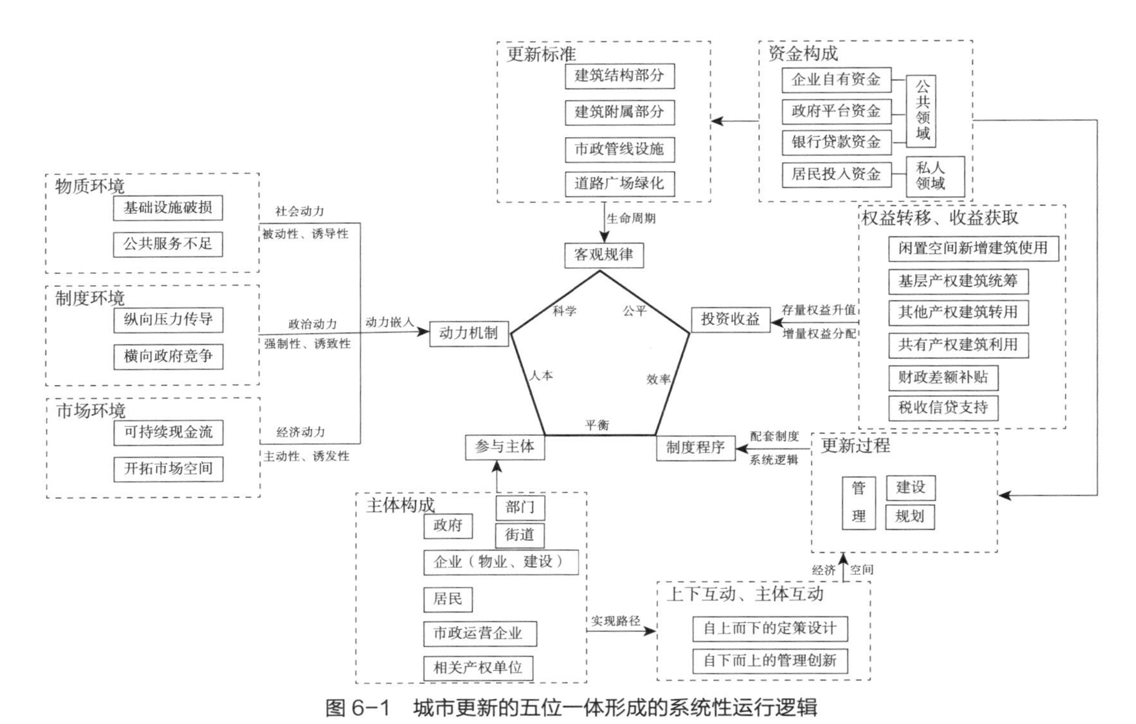

图 6-1　城市更新的五位一体形成的系统性运行逻辑

图片来源：作者自绘

与周边地区的协调性，实现城市更新在宏观层次的整体推进。

（2）效率与公平兼顾理念

城市更新管理过程涉及项目申报、规划编制与审批、改造与重建等多个过程，由于涉及不同部门的管辖范围，更新管理在前期协商、获得许可的环节中往往由于利益纠纷和管理机制等问题效率低下。因此，在全面更新的发展阶段中，“一站式”“简化式”的高效率管理是重点；此外，高效率管理的同时应兼顾公平性，尤其是在补偿机制、收益分配机制的制定过程中，应充分协商，尽可能避免更新区群众的合法利益受损。

（3）持续稳定理念

城市持续更新是城市发展的客观规律，所有的新建小区都会变成“老旧小区”。当前城市更新中居住区更新的工作范围普遍界定为 2000 年前的居住区，这类居住区建造标准较低，公共服务配套简单，现代服务设施缺乏，常年失管失修，是特定历史条件下的产物，改造任务极大，由于专业化社区服务的缺失，造成“改造—破坏—改造”的恶性循环。2000 年以后建成的商品房小区基于相对明晰的产权界定而建立了简易更新机制——住房维修基金制度。房屋维修基金的动用程序复杂，条件苛刻，虽控制了资金的滥用，但也为合理利用设置了障碍。同时，小区公共空间的维修缺乏明确的规定。因此，当前应建立持续稳定更新机制，不断纳入更新范畴。当前的更新可能是首次更新，按照时间逻辑，可能 5~10 年再次进入更新序列，更新的内容与首次相比可能发生变化。当前是公共空间的更新，未来可能是私人空间的更新，因此，应提前谋划，借鉴日本“适应终生生活设计”的基本理念，前后衔接、公私衔接。

（4）复合目标导向

在社区改造与治理过程中，既要重视对旧居住社区的物质空间环境的优化提升，又要注重社区社会环境、文化氛围和居民生活治理的改善，增强社区居民的认同感和凝聚力，恢复社区活力。在确定社区改造与治理的多元目标的同时，设立实质性的指标或标准，用赋值的方式对改造的目标和改造的程度进行准确衡量，实现社区改造与治理的科学化、规范化、程序化，并将社区居民置于公共服务购买质量评价的中心位置，通过社区居民参与维护居民权益，最终实现有效参与的、可持续的、健康的社区综合整治。

（5）解决问题导向

从“问题”入手，“共谋”和协商形成改造内容、程序和资金的来源，是达成共识的基础。问题的解决也是遵循先易后难的原则，公共空间和房前屋后是解决问题的载体，因此，城市更新的基础切入点是基础设施、公共环境、住宅局部（外立面）等保障基本生活硬件环境的改善，目标的设定大约分成基础兜底和有限提升两种，对于存在的问题分为暂时解决和全面解决两种。对于更新的内容分为公共空间更新和私人空间更新，当前城市更新侧重前者，住宅半公共空间涉及电梯加装和外保温及墙面改造，住宅内部空间尤其是居住建筑管网改造一直是城市更新回避的方面。

（6）管理角度切入

城市更新表象是一个单纯的建设问题，实质是一个基于社会治理的建设问题。成功的城市更新需要从运营管理的角度思考城市更新方案设计和建设。探索 EPCO 总承包模式，推进老旧小区改造“策划—设计—采购—施工—运营”全生命周期一体化服务。应通过规划统筹、施工整合，提升改造项目综合效益，把运营管理方案前置到策划、设计和施工等环节统筹考虑，提升资源和设施配置的合理化和有效性。

（7）高度统筹关键

老旧小区涉及利益主体众多，实施主体多元，部门的“条”、街道的“块”、社会的“点”纵横交错，不同于一个拔地而起、拆平重建的基地中所有的建设项目都只有一个实施主体——开发商，依据一个不变的规划。更新规划可以统筹大部分项目，但不能涵盖所有需求，因为在改造过程中居民的需求是不断变化的，需要规划的实时调整，因此，城市更新规划或实施计划变多少，哪些可以调整需要顶层设计谋划。城市更新规划和实施计划是有不同逻辑的，城市更新规划侧重不变的内容，实施计划规定可变的逻辑。老旧小区（社区）的更新中，部门条线项目的目标、内容和时序与规划往往不一致是一种常态。即使有规划部门的更新实施规划在前，也需要“一个高位统筹主体”来协调统筹项目的落实，“一个投资实施主体”来协调和补齐条、块之间的空白，链接居民分散的需求。

3. 更新原则

（1）因地制宜

街道、社区的差异较大，需要探索细化不同情况下老旧小区更新的模式。传统城市更新的“拆改留”转变为“留改拆”，意味着对待老旧建筑的治理态度和决策格局发生变化，但拆与留不能走极端，应因地制宜，而不是强制性地规定通用比例。建议进行建筑质量评估，给予地方自由裁量权，对接近使用年限的老旧小区宜继续推行棚改政策，通过棚改消化一部分。在房住不炒的前提下，通过政府引导和社会参与，拆除重建原地安置，达到改善居住条件的目的，增加一定的面积（10%）并达到健康单元标准（45 平方米），如垡头街道的部分化工厂居住建筑。

（2）财务平衡

城市更新按照逻辑分为两个阶段：资产重组（征用、拆迁、重建）为代表的资本性投入阶段和新增运营维护支出（公共服务增加、融资还款付息、折旧维护）的运营阶段。两个阶段分别独立实现财务平衡——融资减去征拆建安成本以及新增税费减去新增运营维护成本后的剩余均须为正，两个阶段的剩余不能相互替代[①]。如果一个城市更新项目在财务上不能实现平衡，无论这个项目在短期看起来多么成功，其发展也必

① 赵燕菁，宋涛．城市更新模式的财务平衡分析——模式与实践 [J]. 城市规划，2021，45（9）：53-61.

定是不可持续的。而更新模式的选择，在一开始就决定了项目最终能否实现财务平衡。

（3）分类管理

城市更新的对象数量庞大、种类繁多，需要采取的更新手段有所差异。因此，应确立分类管理原则，对更新对象从建设年限、整体规模、土地类型、人口特征、周边环境等维度进行改造基础测定和动态监控，以其面临更新工作的迫切性和必要性进行分类管理，从而结合更新对象的预期寿命、内部结构和居民诉求细化更新的具体路径。

（二）更新策略

1. 制度实施双轮驱动的行动协同策略

按照先建机制、后建工程的思路完善城市更新机制和实施策略，建立制度层、实施层双轮驱动的城市更新管理体制机制（图 6-2）。其中，制度层既包括中央政府、省市级政府的城市更新顶层设计，又包括科学立法、实施办法、管理条例等多种形式，用以指导区级政府作为空间开发与管理基础单元的城市更新政策执行。实施层由作为城市更新推进单元的乡镇街道和作为城市更新项目执行者的社区企业构成。其中，乡镇街道通过与社区企业签订协议，基于社区企业发展权，促使社区企业能够在基础改造的基础上进行配套开发，进而实现企业与居民的“双赢”，而此过程中，街道作为基

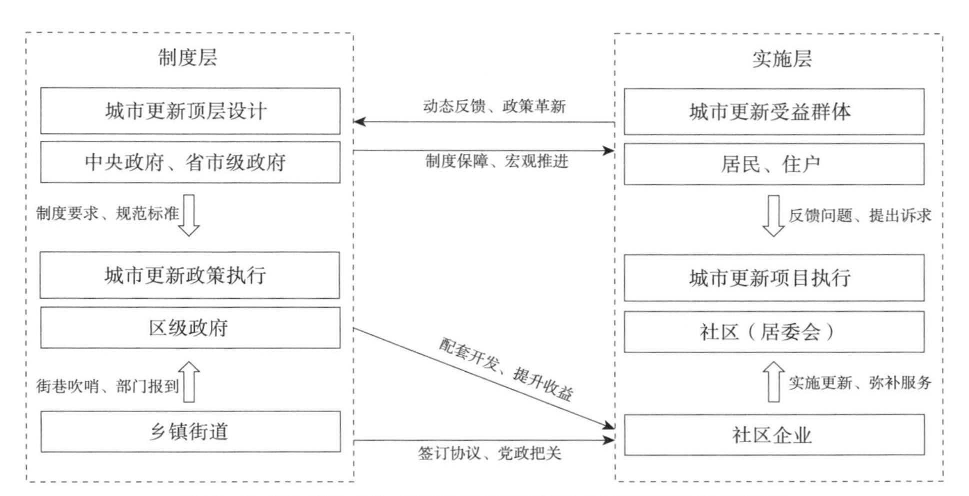

图 6-2 基于制度层、实施层双轮驱动的城市更新管理体制机制

图片来源：作者自绘

层政府起到党政把关的监督作用，实现实施层的双向互动。作为直接受益群体的居民住户和作为城市更新协作单元的社区居委会，由于社区企业在项目的执行过程中实质上承担了社区居委会的部分职能，诸多工作由两方共同推进，降低了基层治理的人员紧缺问题，因此，其成为社会参与的隐性获益者；但由于社区居委会是法定意义上为居民提供服务并实施基层自治的单元，居民对于更新过程中的问题与诉求会反馈到社区层级，促进城市更新项目的顺利执行。

2. 存量空间深入挖掘的效益平衡策略

城市更新的长效性和可持续性在于建立稳定的运营维护机制和持续的更新机制，空间资源有限性是管理的经济理论基础，资源复合性是管理的技术支撑基础，资源复杂性是管理的社会治理基础。通过社会机制引入物业管理，在资源充分的社区引入社会力量，实现利益平衡，在资源不充分的社区实施政府兜底。其核心在于存量空间（存量土地、存量建筑）的有效利用，关键在于产权制度的深入研究。土地产权细碎是所有城市更新和管理面临的最主要难题①，一方面可以将老旧小区公共空间的产权收归国有，乡镇街道代持；另一方面通过法律强制性规定物业处置权不得分割，对细碎产权加以修复，实现存量空间的多方式（商业、半商业、公益）整合利用、公共服务的有效供给和经营收益的基本平衡。城市更新应该研究或解决历史遗留的产权不明晰问题，包括无证建筑的确权问题、建立区级或是街道低效公共空间、低效利用建筑信息库。

3. 多元资金投入供给的资金筹措策略

老旧小区改造是一个繁杂的系统工程，“赚小钱、赚慢钱”将是新特征，社会资本参与是关键。对于企业而言，参与老旧小区改造关键在于构建一个可持续的商业模式，即要在改造过程中找到稳定的现金流；对于银行而言，以扩大内需为目标，提供低息投资，发展城市更新金融产品，研究相关保障措施和策略。

4. 系统谋划与局部改造的中西医整合策略

城市是有机的生命系统，城市更新犹如机体更新。局部的老旧小区犹如城市细胞，

① 赵燕菁，宋涛．城市更新的财务平衡分析——模式与实践 [J]. 城市规划，2021，45（9）：53-61.

需要遵循生命周期规律，中医的系统疗法与西医的激进疗法需要有机结合，统筹谋划的同时根据具体情况采取局部区域、建筑的拆除重建。《北京市城乡规划条例》（2019年修订）第二十八条明确提出，本市建立区级统筹、街道主体、部门协作、专业力量支持、社会公众广泛参与的街区更新实施机制，推行以街区为单元的城市更新模式，强调了区级统筹的空间范畴。突破街道范畴，根据公共空间的整理利用因地制宜划定实施单元。

（三）政策建议

1. 完善城市更新项目资金平衡保障机制

（1）建立老旧小区建筑基础普查和动态更新机制

老旧小区建筑基础普查和动态更新机制涵盖如下内容：一是针对老旧小区目前的基础设施情况进行普查摸排，登记居住人口、单元楼数量、建设年代、面积、楼房产权等情况；二是收集各社区内闲置用房及管辖区域内闲置空间资产使用状况、规划性质、产权情况，并确认闲置空间产权单位的性质与辖区关系；三是收集辖区内有意愿参与老旧小区改造投资企业情况，包括闲置空间原产权单位、专业化改造企业。最终将所获资料分为老旧小区情况、可利用存量空间情况、有意愿参与改造企业情况进行整理备案并上报至城市更新数据库。根据调查情况，可事先提供多样化打包改造方案，由街道或区政府统筹，以充分利用存量空间补充区域内便民服务为原则，依据实际情况选择不同的存量空间运营方式与配置范围。

（2）建立国有闲置低效资产产权收储机制

从基础层面，全面调查可经营性资产，建立可经营性资产清单和原始价值评估机制，将可经营性资产进行分类，制定差异化的管理措施，以节省大量后期谈判的经济压力和时间成本。将存量空间产权分为使用权、处分权、收益权，并对每类权利进行相应的条件设定。针对使用权规定使用用途、功能性质改变的对应条件；针对处分权规定处置方式及相应条件，如是否允许出租、买卖等；针对收益权规定收益方式及分配方式，如是否允许投资、抵押等。鼓励各地根据实际情况规定社区用房及国有存量空间参与老旧小区市场化改造条件，按照变化性配置原则调整社区用房用途及国有存量空间各类权利规定。政府研究出台资产闲置税，结合房产税改革的不断推进，加强闲置资产和低效空间的有效、有序利用。

从管理层面，国外国有资产管理模式大致有两种：一是“三层次模式”。在政府和企业之间设立一层国有资产产权经营机构，如国有控股公司，由政府授权经营。国有控股公司主要通过对子公司的产权管理来实现资产的保值增值。采用这种模式的国家有新加坡、意大利、奥地利、英国、西班牙等。二是“两层次模式”。政府按不同方式管理国有企业，不设中间层进行产权经营。美国、加拿大、法国、德国、巴西等国家采用的是这种模式。建议以区、县为单位设立国有资产产权经营机构，采用三层次模式。随着管理职能的下沉，可成立街道（镇乡）国有资产产权经营机构。

（3）出台国有产权空间资源特许经营政策

出台相关政策，对于老旧小区内国有产权空间资源用于老旧小区改造社会力量投资平衡的，参照特许经营等模式，明确不作为国有资产出租出借政策范畴。对于国有企业、行政性事业单位的所属空间资产，放宽其收益权限制条件，所有权、使用权和经营权剥离（图 6-3），准许存量空间以投资名义参与改造。适当修改国有资产管理条例，允许国有企业、行政性事业单位将存量空间以老旧小区改造投资的名义进行无偿转让或低价出售。后期可根据存量空间价值对改造空间运营收益进行分成，并每年将空间运营状况上报当地国有资产监督机构，以防止国有资产流失。同时，政府部门应为该类存量空间的产权运作提供透明化交流平台，明确改造小区现状与改造投入成本、存量空间计划运营业态及未来收益情况，降低各方信息获取成本与沟通成本，鼓励社区、国有企业、行政性事业单位及改造企业共同合作进行投资，以推动市场化改造顺利进行。

图 6-3 国有资产产权三权剥离示意图
图片来源：作者自绘

（4）制定老旧小区微增容的激励政策

老旧小区划分为两类：公共红线和私人红线。公共红线内，支持更新改造实施单位在空置、闲置的国有土地上新建部分配套设施和便民服务设施；新建资产以相关实施方案审批为依据，可先行建设，待资产建设完成后，以划拨的形式移交给特许运营方，以特许经营权的授权手续代替相关行政审批证照；对于历史原因导致缺少合规手续的存量空间，更新后用于公益、便民的，给予补办规划等相关手续。私人红线内，鼓励物业产权人自筹部分资金参与整体改造，改造的原则是更新后的收益大于更新成本和运营维护成本。由于物业的不可分割性，任何更新改造都必须获得全体业主的

“一致同意”，因此，支持居住建筑改造必须降低自主改造的交易成本，恢复原业主自主更新的能力：①缩小产权共有人的数量，整体改造可以调整为单元楼体改造；②提供政策奖励，如电梯补贴、微增容（如阳台等适当增加面积）。通过制度设计，将业主的提升物业价值动力转化为旧城更新的财力，合理引导居民出资参与更新改造。

（5）建立存量空间利用的动态调整机制

明确存量空间产权运行优先满足老旧小区改造原则，协调现有存量空间使用协议与现有政策、规划要求不符的产权规定。设立动态监管体系，定期摸排存量空间利用情况。要求改造企业每三年将存量空间现有使用方式、收益方式等情况通过城市更新渠道上报备案，将情况记录与对应老旧小区改造项目情况合并，项目期满后作为是否续约及存量空间处理依据。

2. 加强立法规范城市更新管理体制机制

（1）加强国家立法和地方立法

立法内容包括参与城市更新过程的合法主体、城市更新项目的申报规范、更新规划的组织编制审批流程、更新过程中土地出让和补偿机制、更新建设的审批与监督、更新资金管理机制、法律责任等方面的内容。城市更新是对建成环境维育和再开发行为的“发展权”进行的公共干预，规划实施是利益协调的过程，规划许可是利益协调的工具，充分发挥规划管理的引领作用。按照更新类型实施分类管理，其大致分为三种：一是针对未产生建设增量的项目，如建筑整饰维修、社区设施改造、空置空间利用、屋顶绿化等公益性提升项目，或是住宅楼改造，产生少量增量的项目，通过更新方案审批，实施规划设计方案审核备案管理，采取“清单制＋告知承诺制”；二是针对产生少量增量的项目，在满足增量未超过控制性详细规划指标前提下，根据比例和总面积双重指标进行管理（如增加比例限制在5%~10%、增加面积小于一定数值）[①]，给予有条件简易许可，简化水务、人防、文物、园林、能源等相关审查与评价程序；三是针对产生大量增量甚至拆除重建项目，根据现有工程建设审批流程（表6-1）进行优化整合，形成建筑全生命周期的多规合一流程[②]，优化完善技术评估环节，建立施工图联合审查的工作机制、统一的项目竣工联合验收机制，简化不动产登记办理程序。

---

① 具体数值由地方政府根据实际设定。

② 涉及规划、发改、园林、消防、人防、环保、交通、勘察机构、住建、档案等部门。

基于上述一、二类项目应配套制定城市更新工作基本标准体系，如土地征收计价标准、出让补偿标准、配套住房与服务建设标准、各类改造要素标准（如门窗制式）、新项目的容积率标准等，实现管理过程的规范化和标准化。

工程建设项目审批流程一览表 表6-1

阶段	立项用地规划许可									
涉及部门	规划	规划	规划	规划	水务	环保	发改	规划	规划	规划
具体环节	控制性详细规划	规划意见条件	土地规划整理	建设用地指标预审	水评审查	环评审查	项目立项	征地农转用手续	出让划拨手续	用地许可证

阶段	工程建设许可								
涉及部门	规划	规划	民防	文物	园林	发改	规划	规划	规划
具体环节	勘测设计招标	规划方案复函	人防审查	文物审查	园林审查	能源评价	出让划拨补充协议	不动产证（土地）	工程许可证

阶段	施工许可				
涉及部门	消防	技术	发改	住建	住建
具体环节	消防建审	施工图强审	年度投资计划	施工招标投标	施工许可

阶段	竣工验收					
涉及部门	监理	规划	消防	环保	住建	规划
具体环节	五方竣工验收	规划土地验收	消防验收	环保设施验收	竣工验收备案	不动产证（房产）

资料来源：作者根据北京市规划和自然资源委员会提供的资料改制

（2）因地制宜实施城市更新

对老旧小区改造策略不能一刀切。针对《住房和城乡建设部关于在实施城市更新行动中防止大拆大建问题的通知》（建科〔2021〕63号）规定，除违法建筑和被鉴定为危房的以外，不大规模、成片集中拆除现状建筑，原则上老城区更新单元（片区）或项目内拆除建筑面积不应大于现状总建筑面积的20%的规定。建议可根据实际情况进行适当调整，对建筑使用年限即将到期、实际建筑质量不高、修建时工程要求不达标等老旧建筑，虽达不到C/D级危房的危险等级，但实际存在严重的安全隐患，建议仍可纳入棚改，或通过部分拆改来解决问题。政府可提供改造修缮、原拆重建等多种更新方案，新增建筑产权归政府平台公司或联合体。探索“原拆原建＋百姓结构补差”模式，坚持“房住不炒”的主基调原则，由政府引导，创新改造模式符合拆建的部分建筑可以全部拆除。百姓不拆迁，而是暂时过渡，重建之后进行原地安置，但需设置好机制。新建楼栋设计时，可以考虑给老百姓增加一定的功能面积、选择安装电梯等，由老百姓按照成本费用补缴差额部分进行投资补差，这种模式既能很好地规避“穿衣戴帽”的“面子工程”，实现居民楼栋内外部真正的更新改造，又能实现住房功能的提升，有利于居民参与、引导居民出资。

（3）城市更新配套政策体系化

城市有机更新已纳入“十四五”规划纲要，各地对此管理标准不一，建议在现有临时性政策意见的基础上，综合老旧小区改造各类空间需求，出台长效性政策法规：一是开发报建、行政审批事项以政府发改委立项批复为重要依据，简化审批流程。二是涉及改造方案批准、施工图纸审查、实施规范标准、出图标准、在项目实施前期报批、规划、土地、施工手续方面，中期实施过程管理，后期验收、移交、运营等方面需要政府相关各部门具体的政策支持。三是根据现有老旧小区改造模式总结空间利用需求，包括需要转商用的经营性空间、需要进行租赁置换的住房需求等，分类制定相应的规划审批手续、消防办理手续、土地政策等，并将相应制度法治化与体系化。四是制定关于老旧小区改造涉及的权属界定和调整的管理办法，包括明确面积扩展、电梯增设、楼层加层、增设停车设施、管网改造等权属问题。五是制定相关税费，制定减免政策，如占绿费等。城市更新项目中，超建部分以原全部权利人委托的方式，补办用地手续后，依法转移登记至区人民政府指定的有关单位名下。六是建立长效补偿机制。现有的城市更新制度中补偿机制十分松动，导致“钉子户”等问题的涌现，严重降低了城市更新的效率。建立规范化的补偿机制既可以减少利益分配的拉锯，又能够适当节约更新成本、保障过程公平、维护公共利益。

（4）城市更新项目招标方式优化

落实住房和城乡建设部关于建立城市更新可持续模式要求，优化城市更新项目招标投标方式，借鉴一些地方经验支持“EPC+O”“投资 + 设计施工 + 运营 + 物业管理（城市空间服务）”一体化招标综合评审方式，促进城市更新长效运营理念更好落地。可以参考《关于引入社会资本参与老旧小区改造的意见》的新政策：鼓励社会资本作为实施主体参与老旧小区改造。区政府可通过“投资 + 设计 + 施工 + 运营”一体化招标确定老旧小区改造实施主体，既可作为单个小区的实施主体，也可通过区政府组织的大片区统筹、跨片区组合，作为多个小区及周边资源改造的统一实施主体。实施主体可与专业企业联合投标。

（5）构建全链条的监督审查机制

为了防止政府以及企业在投资项目实施过程中的腐败低效，避免“监管俘获”，提高信息的准确性和有效性，应建立对项目的制定和执行过程进行全链条高度重视的监督审查机制。政府购买的最初目的是希望社会资本能高效地为公众提供更优质的公共产品和公共服务，保障公共利益，但由于我国的市场的规范化竞争和企业的专业化管理仍存在着缺陷。因此，即便政府可以从公共产品生产中退出，但公共服务所对应的公共责任永远归属于政府，政府作为监管者不能缺职，仍要做好调控、支持、管理和有效监督。为了防止政府以及企业在投资项目实施过程中的腐败低效，应建立对项目的制定和执行过程进行全链条高度重视的监督审查机制。社区更新改造与后续过程的强有力的监管为政府购买公共服务规避风险以及实现资源有效配置提供了有效载体。首先，应加大支持与监督的“双轮驱动”，建立健全公共服务外包的监督和评估机制，并保持高度关注的状态，一旦出现问题，及时纠偏。其次，建设透明社区，实现财务公开，完善自上而下和自下而上两条监督方向，保证社区居民的知情权、监督权。最后，畅通信息监督渠道，构建政府、企业、社区居民有效沟通的桥梁，畅通居民参与渠道，搭建信息平台，避免参与主体间信息不对称，让参与主体真正成为社区改造过程中的有机监管部分。

3. 建立高位协调全面统筹协同调动体制

城市是一个复杂的社会生态系统，政府、市场、社区与居民、社会组织等多元主体在管理过程中发挥的力量影响着城市更新管理的推进程度[①]。因此，多元化治理主体的协同参与应成为城市规划管理变革的主要内容，主体协同、部门协同是变革的重点。全面统筹协同包括两个维度：一是主体协同，是指合理划分各参与主体的权责边界，以平等地位进行沟通。其中，政府的主要角色是管理者，主要承担规划编制、项目审批许可、建设管理监督的功能；市场的角色是投资者、建设者，承担更新项目的投资建设和部分建成运营的任务；社区和居民分别是发起者和参与者，其中，社区结合实际情况进行城市更新项目申报，居民提出利益诉求和实施建议；志愿团体、社区规划师团体、专业协会等社会组织是支持者，为城市更新过程提供协调性、技术性的支持与帮助。各类主体通过承担不同的角色，在协商过程中探索更新成本的最小化和更新效益的最大化。二是部门协同，是指在管理层面实现对更新相关部门的协调，确保彼

① 林辰芳，杜雁，岳隽，等. 多元主体协同合作的城市更新机制研究——以深圳为例 [J]. 城市规划学刊，2019（6）：56–62.

此之间管理范围不重叠、管理环节全覆盖，在必要时实现行政力量的有效整合。与城市更新相关的规划、建设、管理部门应适当对城市更新相关部门进行重新梳理，并达成部门协作规范，既提升更新项目的审批管理效率，同时又形成完整的工作环节，减少责任推诿问题的发生。

（1）明确政府和市场分工，充分发挥各自优势

老旧小区改造需要充分发挥政府和市场的优势。一方面，发挥政府在方案制定、利益主体谈判、居民协调的优势，依托政府公信力明确服务标准和服务价格，稳定原物业权利人的预期；另一方面，发挥市场资金、技术、人力资本的优势。专业人做专业的事情。政府市场化运作的前提之一，是公私合作中建立在商业运行框架上的企业社会责任行为，政府、企业、居民等各利益相关方相对的权、责、利以及社会资源都有助于得到更合理有效的配置。企业是社会主体之一，因此，企业在社会活动中承担社会责任具有必然性。企业在追求利润合理化的同时，应该对社会其他利益相关者负责。企业社会责任有利于实现利益相关者与股东共赢，是企业获得长期利润的有效途径，因此，企业不仅要重视经济责任，也应正视并承担一定的社会责任，创造社会价值，维护和保障社会利益。一个好的企业应具有经济效益和社会效益双重价值，遵循政府法规和政策制度，增强企业责任和社会责任意识，从降低企业不履行社会责任收益切入，倒逼企业增强社会责任意识。企业发展与社会发展有机衔接，企业成长与实际承担社会责任同步，促进企业积极履职，行稳致远。

（2）建立横纵向沟通机制，实现主体协同、部门协同

在现有制度基础上进一步明确各层级责任，并加强与基层工作的互联互通，建立纵向和横向沟通协调机制。纵向层面，是不同层级政府间、部门和街道社区之间的沟通和反馈机制，设立牵头部门，如北京市设置老旧小区综合整治联席会议办公室，牵头老旧小区改造制度设计、重大事项决议工作，并落实每项工作的主要责任部门和协办部门。在各部门之间明确任务分工，形成清晰的责任分担机制，确保各项任务能够追源溯责，保证改造工作的同时要求该部门在区乃至街道各级提供反馈渠道，使得基层实践问题能够迅速进行沟通，制定相应解决方案。街道社区应加快组织各小区业委会，在居民中形成利益协商平台与代表主体，统一代表居民利益与居委会、物业管理公司进行协商。横向方面，多元化治理主体的协同参与应成为城市更新制度的关键环节，主体协同、部门协同是变革的重点。主体协同是指合理划分各参与主体的权责边界，以平等地位进行沟通。

（3）明确产权单位职责，对物业企业给予支持

明确落实产权单位参与老旧小区改造责任。城市更新改造范围内的国有资产，可优先委托实施改造的社会单位进行改造、运营。租金要求、价值评估、利润分配等应充分考虑资产实际情况，适度让利民生，或以联合运营等模式降低运营单位的前期投入；国有存量资产用于平衡更新投入收益的，经营使用期限应与投资回收周期保持一致。建立各产权单位原委托物业统一退出，自愿集中参与小区物业管理委员会、业委会遴选物业服务企业活动的政策途径。做好住宅专项维修资金补建续筹，打破行业壁垒，推动物业管理行业从传统“物业管理”向“综合运营”转型，对此类物业企业参照英国社区企业的做法，重新定性，在税收等方面给予优惠。

（4）制定更新规划和年度更新计划，将市场化改造机制常态化

制定系统的城市更新规划，在摸清老旧小区改造需求与可置换资源的基础上制定老旧小区改造总体规划和年度更新计划。提前规划调配辖区内资源，以财务平衡为重要目标包装划定城市更新单元和项目，针对单元和项目内复杂的更新内容进行全域式覆盖，支持市场端提供专业化整体咨询服务，促进资源配置的集约性与合理性，促进实现资金平衡。老旧小区改造总体规划编制基础是调查整理城市老旧小区现有情况及可利用存量空间，根据老旧小区现有建筑可使用年限（通过建筑评估科学确定）、辖区内存量空间产权情况制定不同的政策方针（图6-4）：一是对于现有建筑使用年限超过10年的老旧小区，动态纳入老旧小区更新计划，逐年更新建筑情况、可利用存量空间情况、居民改造意愿，以居民改造意愿为主要标准进行改造。由居委会或业委会每三年组织居民投票，居民100%同意的社区可逐级报送纳入年度更新计划，并根据辖区

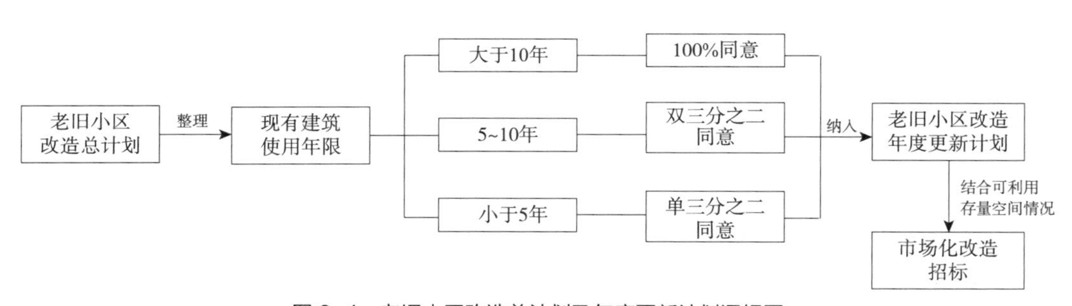

图6-4　老旧小区改造总计划及年度更新计划逻辑图

图片来源：作者自绘

内存量空间可利用情况参与市场化改造招标投标。招标投标完成后，业委会代表可全程参与改造过程，负责居民意见的沟通与协调，减少居民以投诉渠道反馈意见的非正规情况。二是对于现有建筑使用年限在5~10年的老旧小区，标记为老旧小区更新计划的优先改造级别。由居委会或业委会每年组织居民投票，总户数超过三分之二及总建筑面积超过三分之二的居民同意后可报送纳入年度更新计划，优先参与市场化招标投标。三是对于现有建筑使用年限在五年以内的老旧小区，标记为老旧小区更新计划的紧急级别。当年倡导居委会或业委会组织居民投票，总户数超过三分之二或总建筑面积超过三分之二的居民同意，二者条件满足其一后可纳入年度更新计划，与辖区内可利用存量空间优先捆绑，尽快启动市场化招标投标程序进行改造。

具体操作可以“政府引导＋居民申报”的方式提前确定本年度老旧小区改造名单，并由区政府统一调配改造需求与可置换资源，确定具体小区的改造模式与资源分配方式。备案后，公布各小区改造方案与可置换资源，以市场化形式进行招标投标。具体程序可参考：业委会提出改造申请—区建设主管部门统计确认改造名单与可置换（统筹）资源—区建设主管部门制定区域内小区改造方案并公布—招标投标程序（确定施工＋运营主体）—业委会协调全体居民—施工—验收—物业管理与空间运营—区建设主管部门监管。

（5）推进片区资源统筹平衡

积极鼓励存量闲置低效空间资源统筹使用，坚持“不求所有、但求民用”，整合配套设施，盘活存量资源，促进多产权配套设施在统一平台上利用，回归其公共服务配套用途；推进大片区资源平衡，支持社会力量积极争取运营资源（包括国有低效资产），实现改造投资成本的资金平衡。在运营管理层面，可利用周边连片的面积，做到片区统筹、城市服务管理，实现资源的高效利用，助力区域长效管理机制的深入推进。

（6）更新进程中考核机制的调整

规划要充分发挥目标绩效考核的导向、激励和约束作用，加强对城市更新工作计划和目标完成情况的动态管理。城市更新进程中存在生活与施工同步进行的状态，难免对居民正常生活产生影响。因此，在各部门的城市更新考核的设置中，除了反映城市更新工作的完成情况，还应开通各地诉求通道，考察城市更新对居民正常生活的影响，力求将城市更新对居民正常生活的影响降到最低。根据各重点片区的工作进度计划，定期对各片区专项工作组进行督查，建立起城市更新关键环节控制机制，督促统筹片区内各项任务的落实；对城市更新项目的参建方，要引入专业质量监督机构，对项目开展全过程实施全面监督，包括对项目招标投标、项目设计、施工质量、工程竣工验收等环节的监管；引入市民代表，采用新闻媒体报道、公益广告等多种形式，向广大居民宣传城市更新相关政策，同时，全面规范各部门的工作流程和运作模式，定期向公众发布城市更新实施情况，接受社会监督。

（7）建立居民参与的促进制度

营造居民参与社区更新治理的良好环境，建立培育扶持社区居民参与式更新治理的有效机制，加强与其他参与社区更新改造的主体沟通，调适彼此的利益冲突。居民参与城市治理需要程序制度保障，制度的欠缺降低居民参与社区更新的积极性。构建能够保障社区居民有效参与社区更新改造和社区治理的制度机制，社区居民能通过正常的渠道参与社区更新改造以及后续的社区治理活动。

从宏观层面出发，政府应建立健全社区居民参与更新和治理的有效机制，界定居民参与过程的合理有效区间，提升社区有机更新改造和社区治理能力。规范引导社区居民参与行为，有效协调整合居民参与，及时回应反馈自己的意见建议，实现居民利益诉求的有效良好表达，避免居民参与流于形式，拓宽居民参与社区更新与治理的深度、广度，保障对参与的代表性的高度重视。

从微观层面出发，政府可以采用制度化、规范化的方式，给予社区参与组织财力支持，通过政府出资购买社区服务的模式，由政府支付相应资金扶持志愿组织的活动，或建立“志愿服务时间储蓄”制度，通过志愿服务与其他相关报酬挂钩，让社区内的志愿活动成为“付出、积累、回报”的爱心储蓄的过程。政府应向社区志愿者提供定向培训服务，为居民参与社区改造以及处理社区相关事务提供社会力量和人力支持。通过一系列的参与性的理念更新和定向培育公众，内化社区居民的参与式行动为自觉行动，转变社区居民坐享成果、“等靠要”的心态，积极行使权利、承担责任义务，逐步实现政府让渡社区治理公共权力，形成共建共治共享的新局面。构建政府、企业、社区在社区有机更新层面良性互动的网络，政府力量与企业力量形成互补，共筑政府、企业、社区合作共赢的良好局面。

图书在版编目（CIP）数据

城市更新制度研究 / 郐艳丽著 . —北京：中国建筑工业出版社，2023.12
ISBN 978-7-112-29511-1

Ⅰ . ①城…　Ⅱ . ①郐…　Ⅲ . ①居住区—旧房改造—研究—中国　Ⅳ . ① TU984.12

中国国家版本馆 CIP 数据核字（2023）第 252375 号

本书主要内容包括理论研究和实证检验，主要对我国城市更新制度的历史进程进行介绍和分析，包含国家整体政策和北京、重庆、济宁等地方政策，提炼出相关政策的主要内容，对不同地区采用的城市更新方式进行分析并总结经验，提出适用条件，最后从更新逻辑、更新策略、政策建议方面提出相关建议。具体分为六部分，包含城市更新的学理解释、分析国家和地方的城市更新政策、解析城市更新的问题、观察愿景模式的实证、借鉴国内外更新的经验、提出城市更新的政策建议等内容。

本书实例丰富，内容详尽，适合从事城市更新领域的学者、教育工作者、政府相关部门工作人员、企业工作人员等参考使用，也可供其他相关行业从业人员学习参考。

责任编辑：杨　虹　尤凯曦
文字编辑：袁晨曦
责任校对：赵　力

城市更新制度研究
郐艳丽　著
*
中国建筑工业出版社出版、发行（北京海淀三里河路 9 号）
各地新华书店、建筑书店经销
北京雅盈中佳图文设计公司制版
北京中科印刷有限公司印刷
*
开本：787 毫米 × 1092 毫米　1/16　印张：12　字数：290 千字
2023 年 12 月第一版　2023 年 12 月第一次印刷
定价：**58.00** 元
ISBN 978-7-112-29511-1
（42267）

电话：（010）58337283　QQ：2885381756
（地址：北京海淀三里河路 9 号中国建筑工业出版社 604 室　邮政编码：100037）